# 装配式建筑概论

## THE CONSPECTUS OF PREFABRICATED CONSTRUCTION

郑朝灿 吴承卉 主 编

刘国平 张 乘 副主编

U0396646

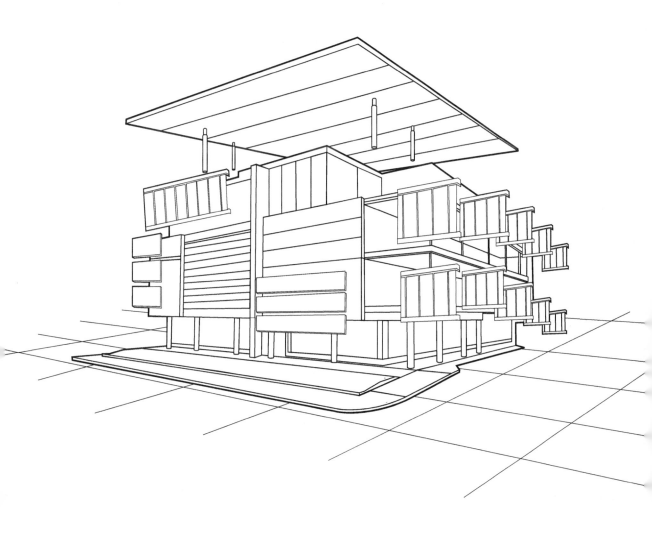

浙江工商大學出版社 | 杭州
ZHEJIANG GONGSHANG UNIVERSITY PRESS

**图书在版编目(CIP)数据**

装配式建筑概论 / 郑朝灿,吴承卉主编. —杭州:浙江工商大学
出版社,2019.9(2021.7重印)

ISBN 978-7-5178-3294-2

Ⅰ.①装… Ⅱ.①郑… ②吴… Ⅲ.①装配式构件—教材
Ⅳ.①TU3

中国版本图书馆 CIP 数据核字(2019)第126544号

# 装配式建筑概论
ZHUANGPEISHI JIANZHU GAILUN

郑朝灿　吴承卉　主　编

刘国平　张　乘　副主编

| | |
|---|---|
| **责任编辑** | 谭娟娟 |
| **封面设计** | 郑晓龙 |
| **责任印制** | 包建辉 |
| **出版发行** | 浙江工商大学出版社 |
| | (杭州市教工路198号　邮政编码310012) |
| | (E-mail:zjgsupress@163.com) |
| | (网址:http://www.zjgsupress.com) |
| | 电话:0571-89995993,89991806(传真) |
| **排　　版** | 杭州朝曦图文设计有限公司 |
| **印　　刷** | 广东虎彩云印刷有限公司绍兴分公司 |
| **开　　本** | 787mm×1092mm　1/16 |
| **印　　张** | 10.5 |
| **字　　数** | 186千 |
| **版印次** | 2019年9月第1版　2021年7月第2次印刷 |
| **书　　号** | ISBN 978-7-5178-3294-2 |
| **定　　价** | 35.00元 |

# 内容提要

　　本教材基于我国装配式建筑发展的背景,详细介绍了我国装配式建筑的内涵、特征及优势,分析了国内外装配式建筑的发展历程和装配式建筑全生命周期管理各环节的知识。全书共分为5章,主要内容包括绪论、装配式建筑的发展史、装配式建筑的分类、装配式建筑全生命周期管理和装配式建筑案例分析等。

　　本教材内容涵盖装配式建筑的新技术和新方法,可以让读者对装配式建筑有一个全面系统的认识,其可作为高职院校建筑类相关专业的通用教材,也可作为建筑产业现代化科学研究、工程管理、建筑设计施工、政府等专业人员培训等的参考用书。

# 总　序

近年来，我国建筑行业蓬勃发展，极大地促进了国民经济的增长。面对土地出让金的大幅增加、从业人员的人工价格不断攀升、人们节能环保意识的逐步提高，建筑行业所面临的竞争压力也将越来越大。为提高核心竞争力，新的行业产业模式——预制装配式建筑业应运而生。

纵观世界建筑业，我国的建筑工业化发展水平和基础较为薄弱，与先进的建筑工业化国家相比，尚处于建筑工业化的初级阶段，以致我国的建筑总量虽早已领先全球，但距离世界建筑强国还有很大的差距。发达国家装配式建筑技术是经历了半个多世纪才发展起来的，也是在技术理论、技术实践和管理经验逐步积累的过程中不断发展的。即使如此，目前大多数国家的装配式建筑的比例也不到30%。

2016年2月，党中央和国务院印发了《中共中央国务院关于进一步加强城市规划建设管理工作的若干意见》，提出力争用10年左右时间，使装配式建筑占新建建筑的比例达到30%。在2016年3月召开的全国两会上，李克强总理在《政府工作报告》中进一步强调，要大力发展钢结构和装配式建筑，加快标准化建设，提高建筑技术水平和工程质量。2016年9月30日，为贯彻落实《中共中央国务院关于进一步加强城市规划建设管理工作的若干意见》和《政府工作报告》部署，大力发展装配式建筑，国务院办公厅印发了《关于大力发展装配式建筑的指导意见》（国办发〔2016〕71号）。

大力发展装配式建筑受到了党中央、国务院的高度重视，同时也得到了业界的积极响应和广泛参与，装配式建筑浪潮已在全国蓬勃兴起。在国家政策的引导下，今后的10年，我国新建建筑中的装配式建筑比例将达到30%。由此推算，我国每年将建造几亿平方米的装配式建筑，这个规模和发展速度在世界建筑产业化进程中也是前所未有的。我国建筑界将面临巨大压力，同时也迎来了机遇。我们要用10年时间走完其他国家半个多世纪的路，需要学的知识和需要做的工作非常多，尤其对装配式建筑专业技术人员、技术工人和懂行的管理者的需求将非常大。

# 前　言

为适应建筑新产业模式——预制装配式建筑业发展的需要,培养建筑工程技术专业学生具备装配式建筑技能,联合企业我们结合当前装配式建筑的前沿技术编写本书。

本书内容共分5章,主要包括绪论、装配式建筑的发展史、装配式建筑的分类、装配式建筑全生命周期管理和装配式建筑案例分析。本书参考学时分配表如下:

参考学时分配表

| 序号 | 授课内容 | 学时分配 | |
|---|---|---|---|
| | | 讲　课 | 实　践 |
| 1 | 绪　论 | 2 | |
| 2 | 装配式建筑的发展史 | 4 | |
| 3 | 装配式建筑的分类 | 8 | |
| 4 | 装配式建筑全生命周期管理 | 6 | 2 |
| 5 | 装配式建筑案例分析 | 2 | |
| 合　计 | | 24 | |

本书由金华职业技术学院建筑工程学院郑朝灿、吴承卉、刘国平,义乌工商职业技术学院建筑工程学院张乘编写,由金华职业技术学院建筑工程学院郑朝灿负责统稿。在教材编写过程中,中天建设集团提供了大量构件生产图文信息,同时得到了浙江省建筑业技术创新协会、浙江省建筑业院校产学研联盟的大力支持,参考了很多公开文献,并引用了一些网络资料,在此一并致以衷心的感谢。

本书涉及的知识面较广,而编写者水平有限,以及囿于时间,因此书中难免有错漏之处,恳求同行批评指正。

编　者

2019年5月12日

# 目　录

# 第一章 绪 论

◎学习目标

了解装配式建筑的概念和发展背景,熟悉装配式建筑的特征与优势,了解装配式建筑的积极意义。

随着我国经济社会发展的转型升级,特别是城镇化的加快推进,建筑业在改善人民居住环境、提升生活质量中的地位凸显。但遗憾的是,目前我国传统"粗放"的建造模式仍较普遍。一方面,生态环境被严重破坏,资源能源低效利用;另一方面,建筑安全事故高发,建筑质量亦难以保障。因此,传统的工程建设模式亟待转型。面对党的十八大提出新型工业化、城镇化、信息化良性互动、协同发展的战略任务和挑战,我们必须紧紧抓住这次转型契机,转变对建筑生成的认识,明白建筑可以从工厂中生产(制造)出来,这就是装配式建筑。

## 第一节 装配式建筑的概念及由来

### 一、装配式建筑的概念

装配式建筑是经设计(建筑、结构、给排水、电气、设备、装饰)后,由工厂对建筑构件进行工业化生产,生产后的建筑构件运送到施工现场进行装配而成的建筑。装配式建筑的概念包含三个主要阶段,即建筑集成化设计阶段、建筑构件集成化生产阶段、工地进行构件组装阶段,如图1.1所示。

```
┌─────────────────────────────────────┐
│        建筑集成化设计阶段              │
│  (建筑、结构、给排水、电气、设备、装饰) │
└─────────────────────────────────────┘
                   │
                   ▼
┌─────────────────────────────────────┐
│        建筑构件集成化生产阶段          │
│      (柱、梁、板、墙、楼梯)            │
│ (生产过程集成装饰、强电、弱电、给排水、│
│          计算机网络)                 │
└─────────────────────────────────────┘
                   │
                   ▼
┌─────────────────────────────────────┐
│        工地进行构件组装阶段           │
│      (装配完成整个建筑)              │
└─────────────────────────────────────┘
```

**图 1.1　装配式建筑概念图**

　　总体来说,在建筑集成化设计阶段下,装配式建筑可分为两部分:一部分是构件生产;另一部分是构件组装。因此,建筑行业的转型就是建筑构件向工业化方式转型,施工方式向集成化方式转型。装配式建筑的构件生产和构件组装如图1.2、图1.3所示。

(a)构件生产

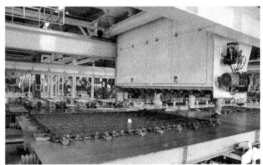

(b)构件集成化生产

**图 1.2　建筑构件生产**

(a)构件现场组装

(b)钢构件组装

**图 1.3　建筑构件组装**

(图1.2、图1.3源自 http://www.nipic.com/detail/huitu/20140517/223806506300.html)

与传统建筑业的生产方式相比,装配式建筑的工业化生产在设计、施工、装修、验收、工程项目管理等各个方面都具有明显的优越性。

## 二、装配式建筑的由来

装配式建筑是工业革命和科技革命的产物,是运用现代建筑技术、材料与工艺建造的。西欧是预制装配式建筑的发源地,早在20世纪50年代,为解决第二次世界大战后住房紧张问题,欧洲的许多国家特别是西欧一些国家大力推广装配式建筑,掀起了建筑工业化高潮。世界上第一座现代建筑——1851年伦敦博览会主展览馆"水晶宫"(Crystal Palace,如图1.4所示),就是装配式建筑。"水晶宫"长564米,宽124米,共5跨,以玻璃长度1.2米的两倍为模数,3300根铁柱按15米的间距分布在建筑中,而18 000块玻璃填充于铁柱所支撑的铸铁骨架里。几乎所有构件都在工厂里成批生产,现场组装,仅用4个月就完成了展览馆的建造,解决了大空间和工期紧的难题。由于建筑通体透亮,被称为"水晶宫"。

1931年建造的纽约帝国大厦也是装配式建筑,保持世界最高建筑的纪录长达40年。纽约帝国大厦共102层,高达381米,采用装配式工艺,仅用了410天便建造完成,平均4天盖一层楼,这在当时是一件非常了不起的事情。如图1.5所示。

图1.4 1851年伦敦博览会"水晶宫"　　　　图1.5 纽约帝国大厦

(图1.4源自 http://blog.sina.com.cn/s/blog_4a41501f0100083k.html,图1.5源自 https://www.usitrip.com/news/r3454.html)

# 第二节　装配式建筑的特征与优势

## 一、装配式建筑的特征

### （一）系统性和集成性

装配式建筑集中体现了工业产品社会化大生产的理念，具有系统性和集成性，其设计、生产、建造过程是各相关专业的集合，促进了整个产业链中各相关行业整体技术的进步，需要科研、设计、生产、施工等各方面的人力、物力协同推进，才能完成装配式建筑的建造。

### （二）设计标准化、组合多样化

标准化设计是指对于通用装配式构件，根据构件共性条件，制定统一的标准和模式，开展适用范围比较广泛的设计。在装配式建筑设计中，采用标准化设计思路，大大减少了构件和部品的规格，减少了重复劳动，加快了设计速度。同时，设计过程中可以兼顾考虑城市历史文脉、发展环境、周边环境与交通人流、用户的习惯和情感等因素，在标准化的设计中，融入了个性化的要求并进行多样组合，丰富了装配式建筑的类型。以住宅为例，可以用标准化的套型模块组合出不同的建筑形态和平面组合，创造出板楼、塔楼、通廊式住宅等众多平面组合类型，为满足规划的多样化要求提供了可能。

### （三）生产工厂化

装配式建筑的结构构件都是在工厂生产的，工厂化预制采用了较先进的生产工艺，模具成型、蒸汽养护及工厂机械化程度较高，从而使生产效率大大提高，产品成本大幅降低。同时，由于生产工厂化，材料、工艺容易掌控，使得构件产品质量得到很好的保证。

### （四）施工装配化、装修一体化

装配式建筑的施工可以实现多工序同步一体化完成。由于前期土建和装修一体化设计，构件在生产时已事先统一在建筑构件上预留孔洞和装修面层预埋固定部件，避免在装修施工阶段对已有建筑构件打凿、穿孔。构件运至现场之后，按预先设定的施工顺序完成一层结构构件吊装之后，在不停止后续楼层结构构件吊装施工的同时，可以同时进行下层的水电装修施工，逐层递进，且针对每道工序都可以像设备安装那样进行检查精度，使各工序交叉作业方便有序、简单快捷且可保证质量，同时加快了施工进度，缩短了工期。

### （五）管理信息化、应用智能化

装配式建筑将建筑生产的工业化进程与信息化紧密结合，是信息化与建筑工业化深度融合的结果。装配式建筑在设计阶段采用 BIM（Building Information Modeling，建筑信息模型）技术，进行立体化设计和模拟，避免设计错误和遗漏；在预制和拼装过程采用 ERP（Enterprise Resource Planning，企业资源计划）管理系统，施工中用网络摄影和在线监控；生产中预埋信息芯片，实现建筑的全生命周期信息管理。BIM 可以简单地形容为"模型+信息"，模型是信息的载体，信息是模型的核心。同时，BIM 又是贯穿规划、设计、施工和运营的建筑全生命期，可供全生命期的所有参与单位基于统一的模型实现协同工作。信息化技术与方法在装配式建筑工业化产业链中的部品生产、建筑设计、施工等各个环节都是不可或缺的。

## 二、装配式建筑的优势

传统建筑在设计建造过程中存在诸多问题，如设计、生产、施工阶段相互脱节，生产过程连续性差；以单一技术推广应用为主，建筑技术集成化低；以现场手工、湿作业为主，生产机械化程度低，材料浪费多，建筑垃圾量大，环境污染严重；工程以包代管、管施分离，工程建设管理粗放，资源、能源利用率低；工人以劳务市场的农民工为主，他们的技能、素质较低，使工程质量难控制等。

与传统建筑相比，装配式建筑采用的是标准化设计思路，结合生产、施工需求优化设计方案，使设计质量有保证，便于实行构配件生产工厂化、装配化和施工机械化。构件由工厂统一生产，减少现场手工、湿作业带来的建筑垃圾等废弃物；构件运至现场后采用装配化施工，机械化程度高，有利于提高施工质量和效率，缩短施工工期，减少对周边环境的影响；采用信息化技术实施定量和动态管理，全方位控制，效果好，资源、能源浪费少，节约建筑材料，环境影响小，综合效益高。

### （一）保护环境，减少污染

在传统建筑工程施工过程中，因采用现场湿作业方式，现场材料、机械多，施工工序多，对人员、机械、物料、能耗的管理难度大，对周围环境而言，产生了噪声污染、泥浆污染、灰尘固体悬浮物污染、光污染和大量固体废弃物等。而装配式建筑的构件在工厂生产，再运到现场吊装。因此现场施工湿作业少，工地物料少，现场整洁性好。同时，由于装配式建筑的主要构件已预制成型，现场灰料少，施工工序简单，大大减少了施工过程中的噪声和烟尘，垃圾、损耗都减少一半以上，且有效降低了施工过程对环境的不利影响，有利于环境保护，减少污染。

### (二)装配式建筑品质高

针对预制装配式建筑而言,可在设计、生产、施工过程中对建筑质量进行全方位控制,这有利于提高建筑品质。与传统建筑构件采用现场现浇,多采用木模成型,需要大量支撑的施工方式相比,装配式建筑构件采用工厂预制生产,严格按图施工,钢模浇筑成型,外观整洁,蒸汽养护,使质量更有保证。传统建筑施工现场的工人的素质参差不齐,人员流动频繁,管理方式粗放,施工质量难以得到保证,且很大程度上受限于施工人员的技术水平。而装配式建筑构件在预制工厂生产,是完全按照工厂的管理体制及标准体系来进行构件预制,如原材料提前选择,钢模预先定制,大多数构件一体成型,生产人员较固定,技术水平有保证,生产过程中可对材料配合比、钢筋排布、养护温度、湿度等条件进行严格控制,对构件出厂前的质量检验进行把关,使得构件的质量更容易得到保证。同时,在现场吊装施工之前,还需对构件进行多道检验,装配时可增加柔性连接,提高建筑结构的抗震性。构件生产过程中可配合使用轻质、难燃材料,降低建筑物自重,提高建筑耐火极限和隔声性能。在预制外墙生产过程中,可采用预嵌外饰材方式生产,也可采用预制工艺做成各种形式的面饰,牢固美观可靠,且不掉石材砖块。针对墙板之间的缝隙可采用建双重隔水层,且可分层断水,这样能最大限度地改善墙体开裂、渗漏等质量通病,并提高住宅整体安全等级、防火性、隔音性和耐久性。

### (三)装配式建筑形式多样

传统建筑造型一般受限于模板搭设能力,对于造型复杂的建筑,采用传统建筑方式,很难做到。装配式建筑在设计过程中,可根据建筑造型要求,灵活进行结构构件设计和生产,也可与多种结构形式进行装配施工。如与钢结构复合施工,可以采用预制混凝土柱与钢构桁架复合建造,也可以设计制造如悉尼歌剧院式的薄壳结构或板壳结构。由美国建筑师Richard Meier设计,于2003年建造完成的罗马千禧教堂就是由346片预制异型混凝土板组构而成。除此之外,采用预制工艺,还可以建造各种造型复杂的外饰造型板材、清水阳台或者构件,如庙宇式建筑——花莲慈济精舍寮房,就是采用预制工艺建造的装配式建筑。

从实用角度出发,装配式建筑可以根据选定户型进行模数化设计和生产,结构形式灵活多样。这种设计方式大大提高了生产效率,对大规模标准化建设尤为适合。因此,采用装配式建筑可以更快速、高效地满足像传统现浇建筑一样的建筑造型要求和实用需求。

### (四)减少施工过程安全隐患

传统施工过程中模板脚手架多,现场物料、人员、机械多且复杂,高空作业多,安全管理难度大,安全隐患多。而装配式建筑的构件在工厂流水式生产,运输到现场后,由专业安装队伍严格遵循流程进行装配,现场仅需部分临时支撑,且整洁明了;采用制式安全网施工,且预制施工外围无脚手架,施工流线明确,安全管理相对容易。因此,与传统施工相比,预制装配式建筑大大降低了安全隐患。

**(五)施工速度快,现场工期短**

装配式建筑比传统方式进度快30%左右。传统建筑施工时,需要架设大量建筑支撑和模板,然后才能进行混凝土浇筑,达到规定养护时间后才能进行后续楼层施工;而装配式建筑的构件由预制工厂提前批量生产,采用钢模,无须支撑,可利用蒸汽养护,缩短了构件生产周期和模板周转时间,尤其是生产形式较复杂的构件时,优势更为明显,省掉了相应的施工流程,大大提高了时间利用率。进入装配式建筑施工现场之后,结构构件可统一吊装施工,且可实现结构体吊装、外墙吊装、机电管线安装、室内装修等多道工序同步施工,这样大大缩短了施工现场的作业时间,从而加快施工进度,缩短现场工期。如大润发台湾内湖二店5万平方米的项目采用装配式建筑方式,总工期只有5个月。

**(六)降低人力成本,提高劳动生产效率**

传统建筑施工技术集成能力低、生产手段落后,需要投入大量的人力才能完成工程建设。目前,我国逐渐步入老龄化社会,工人整体年龄偏大,新生力量不足,且建筑行业劳动力不足、技术人员缺乏、劳动力成本攀升,导致传统施工方式难以为继。装配式建筑采用预制工厂生产,现场吊装施工,机械化程度高,劳动生产率提高,大量减少了现场施工及管理人员数量,大大降低了人工成本,图1.6为装配式建筑施工现场图。

**图1.6 装配式建筑施工现场**

(图片源自http://k.sina.com.cn/article_1069205631_3fbac87f020005k8b.html)

## 三、装配式建筑与传统建筑生产方式的区别

装配式建筑生产方式与传统建筑生产方式的比较,如表1.1所示。

表 1.1 装配式建筑生产方式与传统建筑生产方式的对比

| 比较项目 | 传统建筑生产方式 | 装配式建筑生产方式 |
|---|---|---|
| 建筑工程质量与安全 | 现场施工限制了工程质量水平,露天作业、高空作业等增大安全事故隐患 | 工厂生产和机械化安装生产方式的变化,大大提高产品质量水平并减少安全隐患 |
| 施工工期 | 工期长,受自然环境条件及各种因素影响大,各专业可能不能进行交叉施工;主体封顶时仍有大量工作 | 构件提前发包,现场模板和现浇湿作业少;项目各楼层之间并行施工;构件的保温及装饰工作可在工厂一体集成,现场只需吊装 |
| 经济性 | 人工费、管理费较高,保温材料无法实现与建筑物同寿;建筑能耗较大,材料浪费严重 | 构件制作造价随模具周转次数增加而降低;现场工人数减少;材料可多次利用;由于构件实现标准化、模数化生产,材料损耗减少;预制工期短,可缩短投资回收期 |
| 劳动生产率 | 现场湿作业,生产效率低且只有发达国家的20%~25% | 住宅构件和部品工厂生产,现场施工机械化程度高,劳动生产效率较高 |
| 施工人员 | 工人数量多,专业技术人员不足,人员流动性大,工人素质、技术水平参差不齐,人员管理难度大 | 工厂生产和现场机械化安装对工人的技能要求高,人员较固定,施工操作技术水平有保证,机械化程度高,用工数量少,人员管理容易 |
| 建筑环境污染 | 建筑垃圾多,建筑扬尘、建筑噪声和光污染严重 | 构件由工厂生产,大大减少噪声和扬尘,建筑垃圾回收率提高 |
| 建筑品质 | 受限于现场施工人员的技术水平和管理人员的管理能力 | 构件由工厂生产,多道检验,严格按图施工生产,生产条件可控,产品质量有保证,工艺先进,建筑品质高 |
| 建筑形式多样性 | 受限于模板架设能力和施工技术水平 | 工厂预制,钢模可预先定制,构件造型灵活多样,现场进行机械吊装,可多种结构形式组合成型 |

# 第三节　装配式建筑发展背景与意义

## 一、发展装配式建筑是落实国家政策的重要措施

多年以来,各级领导都高度重视装配式建筑的发展,特别是2016年颁布的《中共中央国务院关于进一步加强城市规划建设管理工作的若干意见》对装配式建筑发展提出了明确要求。2016年9月14日,国务院总理李克强在国务院常务会议上强调,要按照推进供给侧结构性改革和新型城镇化发展的要求,大力发展钢结构、混凝土等装配式建筑,具有发展节能环保新产业、提高建筑安全水平、推动化解过剩产能等一举多得之效。《国务院办公厅关于大力发展装配式建筑的指导意见》(国发办〔2016〕71号)更是全面系统指定了推进装配式建筑的目标任务和措施。

## 二、发展装配式建筑是推动行业转型的有效途径

发展装配式建筑主要采取以工厂生产为主的部品制造取代现场建造的方式,工业化生产的部品质量稳定;以装配化取代手工作业,能大幅度减少施工失误和人为的错误,保证施工质量;装配式建造方式可有效提高产品精度,解决系统性质量通病,减少建筑后期维修维护费用,延长建筑使用寿命。

## 三、发展装配式建筑是全面提升住房质量和品质的必经之路

新型城镇化是以人为核心的城镇化,住房是人民群众最大的民生问题。当前,住宅施工质量的通病一直饱受诟病,如屋顶渗漏、门窗保温性能差、外墙装饰面开裂脱落等。建筑业落后的生产方式直接导致施工过程随意性大,使工程质量无法得到保证。

采用装配式建造方式,能够全面提升住房品质和性能,让人民群众共享科技进步和供给侧改革带来的发展成果,并以此带动居民住房消费,在不断的更新换代中,走向中国住宅梦的发展道路。

## 本章小结

相对传统的生产方式,装配式建筑具有系统性与集成性,且具备设计标准化、组合多样化、生产工厂化、施工装配化、装修一体化、管理信息化、应用智能化等特点,有利于节

约资源和能源,减少污染,提高建筑质量,丰富建筑形式,同时还有助于减少施工过程中的安全隐患,使加快施工速度,减短现场工期,降低人力成本,提高劳动生产效率,促进信息化、工业化深度融合,对化解产能落后、提高工程质量有着积极的作用。在国家大力发展装配式建筑的大背景下,相关行业应紧抓发展机遇,进一步推进新型城镇化的建设,满足可持续发展的需求和建筑业转型升级的需要。

1. 什么是装配式建筑?

2. 装配式建筑的特点是什么?

3. 装配式与传统建筑的区别。

# 第二章　装配式建筑的发展史

◎学习目标

通过本章学习,了解国外装配式建筑的发展历程及其给我国的启示,熟悉我国装配式建筑的发展过程和趋势。

中国的传统建筑、17世纪向美洲移民时期所用的木构架拼装房屋,就是一种装配式建筑。第二次世界大战后,欧洲一些国家及日本"房荒"严重,迫切要求解决住宅问题,在此背景下装配式建筑实现了快速发展。到20世纪60年代,装配式建筑得到了大量的推广。

## 第一节　国外装配式建筑发展历程

发达国家的装配式住宅经过几十年甚至上百年的时间,已经发展到了相对成熟、完善的阶段。其中,日本、美国、法国、瑞典、丹麦是最具典型性的国家。各国按照各自的经济、社会、工业化程度、自然条件等特点,选择了不同的道路和方式。

日本是率先在工厂中批量生产住宅的国家;美国注重住宅的舒适性、多样性、个性化;法国是世界上推行工业化建筑最早的国家之一;瑞典是世界上住宅装配化应用最广泛的国家,其80%的住宅采用以基础为通用部件的住宅通用体系建造;丹麦发展住宅通用体系化的表现是"产品目录设计",丹麦是世界上第一个将模数法制化的国家。这些国家的经验都为我国装配式建筑的发展提供了借鉴。以下详细介绍美国、日本、德国和法国的装配式建筑的发展历程。

## 一、美国的发展

美国的工业化住宅起源于20世纪30年代,当时它表现为汽车拖车式的、用于野营的汽车房屋。最初美国的工业化住宅作为车房的一个分支业务而存在,主要是为选择迁移、移动生活方式的人提供一个住所。但是在20世纪40年代,也就是第二次世界大战期间,野营的人数减少了,旅行车被固定后,作为临时的住宅。第二次世界大战结束以后,政府担心拖车过多会产生贫民窟,不许再用其来做住宅。

20世纪50年代后,人口大幅增长,军人复员,移民涌入,同时军队和建筑施工队也急需简易住宅,美国出现了严重的住房短缺问题。这种情况下,许多业主又开始购买旅行车作为住宅使用。于是政府又放宽了政策,允许使用汽车房屋。同时,受其启发,一些住宅生产厂家也开始生产外观更像传统住宅,但可以用大型的汽车拉到各个地方直接安装的工业化住宅。可以说,汽车房屋是美国工业化住宅的一个雏形,如图2.1所示。

**图2.1 美国早期的汽车房屋**

(图片源自 http://blog.sina.cn/dpool/blog/s/blog_4d9ac25501008nf2.html)

美国的工业化住宅是从房车发展而来的,所以形象一直不太美观。其在美国人心中的感觉大多是低档的、破旧的住宅,其居民大多是贫穷的、老弱的、少数民族或移民。更糟糕的是,由于社会的偏见(对低收入家庭等),美国的大多数地方政府都对这种住宅群的分布有多种限制,工业化住宅在选取土地时就很难进入“主流社会”的土地使用地域(城市里或市郊较好的位置),这更强化了人们对这种产品的心理定位,其居住者也难以享受到其他住宅居住者一样的权益。为了摆脱“低等”“廉价”形象,工业化住宅行业努力求变。

1976年,美国国会通过了国家工业化住宅建造及安全法案(*National Manufactured Housing Construction and Safety Act*),同年开始由美国住房和城市发展部负责出台一系列严格的行业规范标准,一直沿用到今天。除了注重质量,现在的工业化住宅更加注重提升美观、舒适性及个性化,许多工业化住宅的外观与非工业化住宅的外观差别无几。随着新的技术不断出现,人们对节能方面越来越关注。这说明,美国的工业化住宅经历了从追求数量到追求质量的阶段性转变。

美国1997年新建住宅147.6万套,其中工业化住宅113万套,均为低层住宅,主要为木结构(数量为99万套),其他的为钢结构。这主要是源于美国人民传统的居住习惯。

据美国工业化住宅协会统计,2001年,美国的工业化住宅已经达到了1000万套,占美国住宅总量的7%,为2200万美国人解决了居住问题。其中的低端产品——活动房屋从1998年的最高峰——占总开工数的23%即37.3万套,下降至2001年的10%即18.5万套;而中高端产品——预制化生产住宅的产量则由1990年早期的6万套增加到2002年的8万套,而其占工业化生产的比例也由1990年早期的16%增加为2002年的30%~40%。

消费者可以选择已设计定型的产品,也可以根据自己的爱好对设计进行修改,对定型设计也可以根据自己的意愿增加或减少项目,这体现出了以消费者为中心的住宅消费理念。如,2001年消费者对工业化住宅的满意度超过了65%。

2007年,美国的工业化住宅总值达到118亿美元。2016年,美国每16个人中就有1个人居住的是工业化住宅。工业化住宅已成为非政府补贴的经济适用房的主要形式,因为其成本还不到非工业化住宅的一半。在低收入人群、无福利的购房者中,工业化住宅是住房的主要来源之一,如图2.2所示。

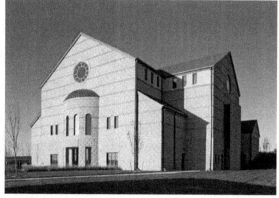

**图2.2　美国装配式建筑**

(图片源自 http://www.sohu.com/a/119441258_456030)

## 二、日本的发展

日本于1968年就提出了装配式住宅的概念。1990年,日本推出采用部件化、工业化生产方式,高生产效率,住宅内部结构可变,适应居民多种不同需求的中高层住宅生产体系。在推进规模化和产业化结构调整的进程中,日本的住宅产业经历了从标准化、多样化、工业化到集约化、信息化的不断演变和完善过程。日本政府强有力的干预和支持对住宅产业的发展起到了重要作用。例如,通过立法来确保预制混凝土结构的质量;坚持技术创新,制定了一系列住宅建设工业化的方针、政策;建立统一的模数标准,解决了标准化、大批量生产和住宅多样化之间的矛盾。

日本装配式建筑如图2.3所示。

(a)日本装配式建筑构件生产　　　　　　(b)日本装配式建筑施工

(c)日本装配式建筑施工　　　　　　　　(d)日本装配式建筑

图2.3　日本装配式建筑

(图片源自 https://book.douban.com/review/9350938/)

**（一）发展历程**

第二次世界大战后日本为给流离失所的人们提供住房，开始探索以工厂化生产低成本、高效率的方式制造房屋构件，装配式建筑由此开始。大量的农村人口快速流向城市，产生了大量的住房需求，并相对集中在较为狭小的区域内，这些都为装配式住宅提供了很有利的发展环境。作为日本民间最早的装配式建筑公司——大和房屋工业株式会社于1955年率先研发出钢管房屋，这也是装配式住宅的原型。它采用钢管和网架组合而成，外墙和屋顶分别使用波形钢板和波形彩钢板，可作为临时屋舍，用作工地临时用房或临时校舍等。虽然这看似是个简易的东西，却完全颠覆了人们对房子应该在现场建造的传统观念。

随后日本的经济进入高速成长期，装配式建筑的市场前景不断被看好，大量企业先后加入装配式建筑的研发和生产行列中来。日本装配式建筑的发展经历了4个阶段。

1. 成长期（1965—1974年）

1966年日本政府公布了"第1期住宅5年计划"，计划在5年时间内，争取建设670万套住宅，实现一个家庭一套住宅的目标。政府将重点放在以工业化来实现住宅的大批量供应上，制定了很多推进政策。这个阶段政府为了引导装配式建筑的健康发展，做了大量的工作。当时的大环境是，装配式建筑的准入门槛不高，只要投资，谁都可以参与。即使对住宅没有很深的认识或者没有施工经验和品质管理能力的企业也加入这个行业，这就造成了鱼龙混杂的状况。由此，当时对住宅品质的投诉相当多，通商产业省为了促进装配式建筑制造品质的提升，于1972年颁布了《工厂生产住宅等品质管理优良工厂认定制度》，建设省也于1973年颁布了《工业化住宅性能认定制度》。这些制度大幅提高了住宅性能方面的最低要求，极大地提升了装配式建筑的居住品质。

2. 转换期（1975—1984年）

1973年日本的第一次石油危机给住宅业带来了巨大的冲击，整个行业的开工件数急剧减少。1974年的住宅开工数一下子减少了30%，大量的相关企业开始从装配式住宅领域中撤离。

经过40多年的高速发展，现今住宅供求关系趋于平稳。政府又通过调节住房公积金贷款的利率来推进装配式住宅的性能不断优化。具体措施就是对节能、隔音、耐久性等方面性能优良的住宅，住宅金融公库（公积金管理政府部门）为其提供相对优惠的融资条件，以鼓励民众选购性能更优良的住宅，以提高业界的整体水平。

这段时间内颇具特色的开发，表现为追求耐久性的新材料开发及与节约能源相关的技术开发。现在的装配式住宅的大部分部件都是以该时期的新材料开发为契机而诞生的,随之而来的住宅质量的提高、新结构系统的开发也都是与新材料的开发息息相关的。而石油危机引起的原油价格大幅上扬,不仅使住宅产业甚至是全社会的各行各业都开始将提倡"节能化"提到了重要的议事日程。

3. 摸索期(1985—1999年)

1986年以后,住宅商品变得更加豪华,住宅内使用的设备也步入高级化路线。各厂家对研究开发、设备投资不遗余力,纷纷开设新的研究所或试验所。除此之外,在公司内部成立生活提案等研究部门的厂家也屡见不鲜。同时,它们还与大学等的研究机构共同研究开发,出现了扩大研究网络的动向。政府为了拉动内需,在税收方而也进行了很多尝试。作为刺激消费的手段,国税部门推出了"住宅取得控除制度""房贷减税制度"等,大大促进了住宅消费。

4. 创新期(2000年至今)

在工业化住宅生产品质等技术方面,各家公司已经不相上下,因此在全球节能环保、可持续发展的大背景下,各公司又把创新的重点更多地投入住宅本身以外的部分,开始更多地关注使用者的居住舒适性、健康医疗、清洁能源利用等方面。

**(二)政策与标准规范**

政府在1965年制定的第一个住宅5年计划"新住宅建设5年计划"中指出,装配式住宅所占的比率要达到15%。结果显示:公共资金住宅的工业化达到了8%,民间住宅率达到了4%。1971年再次制定的"新住宅建设5年计划"中规定,前者要达到28%,后者要达到14%。

为了推动住宅产业的发展,政府建立了住宅产业的政府咨询机构审议会。为推动标准化的工作,该审议会建立了优良住宅部品的审定制度、合理的流通机构和住宅产业综合信息中心,发挥了行业协会的作用。此外,政府实行住宅技术方案竞赛制度,直接效果是松下和三泽后来将参赛获奖的成果商品化,成为企业的支柱产品。此外,该竞赛制度还从整体上推动了日本装配式住宅产业的发展,提高了住宅产品的质量。1975年后,政府又出台了《工业化住宅性能认定规程》及《工业化住宅性能认定技术基准》。工业化住宅性能认定制度的设立指导了在住宅工业化产业中起带头作用的预制住宅事业的发展,提高了日本住宅建设事业的整体水平。上述两项规范的出台,对整个日本装配式建筑水平的提高具有决定性的作用。日本在装配式建筑方面的标准规范主要集中在PC(预制混凝土构件)和外围护结构方面,包括日本建筑学会编制的《建筑工事标准仕样书·同解说

JASS10预制钢筋混凝土工事》与《建筑工事标准仕样书·同解说JASS14幕墙工事》,同时还包含在日本得到广泛应用的蒸压加气混凝土板材(ALC)方面的技术规程(JASS21)。各规范的主要技术内容包括:总则、性能要求、部品材料、加工制造、脱模、储运、堆放、连接节点、现场施工、防水构造、施工验收和质量控制等。除装配式建筑相关规范之外,日本预制建筑协会还出版了与PC相关的设计手册,此手册近年经建筑工业出版社引进并在国内出版。相关技术手册包含如下内容:PC建筑和各类PC技术体系介绍、设计方法、加工制造、施工安装、连接节点、质量控制与验收、展望等。日本的钢结构和木结构住宅行业的大规模发展有赖于上述政策和标准的完善与推行。

**(三)参与主体**

第一类是公团住宅,它是一个半政府半民间的机构。其发展主要有如下几个阶段:第一阶段完成了不同系列的63种类型的住宅标准化设计,其中1973年完成的公有住宅建设量高达190万套;第二阶段完成了木结构、钢结构和混凝土结构的住宅试制,在1974年公有住宅建设量为130万套;第三阶段所有公营住宅普及标准化系列部品,逐渐发展成住宅单元标准化,该阶段期间,平均每年公有住宅建设量达110万套;第四阶段开发出大型预制混凝土板、H型钢和混凝土预制板组合施工法,该阶段内公有住宅的建设量占住宅总建设量的80%以上。

第二类是都市机构,这也是一个半政府性的机构。2004年7月1日,旧都市基础整备团体和旧地域振兴整备团体的地方都市开发整备部门合二为一,成立了拥有独立行政法人的都市再生机构(简称UR都市机构)。UR都市机构以人们的居住、生活为本,致力于创造环境优美、安全舒适的城市。

UR都市机构通过建设城市的实践,获取丰富的经验和知识,并对现有城市的状况进行切实的调查、掌握,开展必要的调查研究、技术开发及试验。UR都市机构对外公开其研究调查成果,回馈社会。

第三类是民间企业。战后的日本政府推进的住宅建设工作重点是通过"量"来解决住宅危机。这个阶段必须解决两个问题:一是依靠传统的手工劳动无法短时间内解决大量的住宅供应问题;二是当时没有足够的木材满足日本传统的木结构住宅建设需求,如表2-1所示。

表2-1 部分日本民间企业在住宅产业化方面的业务发展

| 机构名称 | 研发情况 | 住宅建设量 | 企业背景 |
|---|---|---|---|
| 积水住宅 | 着重研究建筑的热工性能、结构体系和内装部品 | 1989年住宅建设量达170万套 | 1960年成立，1961年设立滋贺工厂，开始B型住宅的开发建设工作，1971年上市 |
| 大和房屋 | 着重研究与环境共生的住宅、老年住宅、建筑热工，以及进行建筑工程研究和实验 | 2000年住宅建设总量为132万套 | 1955年成立，1957年建造日本首个工厂化住宅，1961年开始涉足钢结构住宅和厂房、仓库、体育馆等公建领域 |
| 三泽房屋 | 着重研究住宅耐久性、住区微气候环境、地球环境问题，以及老年住宅等 | 2001年住宅建设总量为122万套 | 1962年成立集团，1964年开发大板系统，1965年设立预制构件工厂，1967年成立三泽房屋 |
| 大成建设 | 着重研究工厂住宅施工工艺、工程管理、生态环保等 | 2002年住宅建设总量为115万套 | 1917年设立，1946年财阀解体后分离出大成建设，1960年开始建造大型酒店、大坝等公建，1969年进入住宅市场 |

20世纪50年代后期，预制住宅企业开发了基础构造体系；20世纪70年代前期开发了大型板材构造法和住宅单位构造法；进入20世纪90年代，根据市场需要展开了各种技术开发活动，比如解决VOC（Volatile Organic Compounds，挥发性有机物）筒体的健康住宅及无台阶住宅技术的开发。

目前日本各企业的技术开发和设计体制重点基本都转移到顺应市场变化的轨道上。参与工业化住宅建设的企业比较多，既有比较大型的房屋供应商，如积水、大和、松下、三泽、丰田等；也有大型的建造商，如大成建设、前田建设等。

**（四）日本住宅工业化制法的分类**

第一类是木造轴组工法。其多被中小型建设企业所采用，是历史最悠久、应用最广泛的住宅施工方式。一般情况下，木制住宅现场由工务店的负责人统一指挥；住宅的木制主体结构多由本工务店的技术工人承担施工，屋顶、装饰等则由外部的工人承担施工。采用该工法的住宅数量难以统计，原因是按照日本的法律规定，较小的建设工程（工程造价低于1500万日元，约90万元人民币）无须取得建设业许可证，是可以不用办手续的，如图2.4所示。

图2.4　日本的木造轴组工法住宅实例

（图片源自 http://blog.sina.cn/dpool/blog/s/blog_700566500100ty50.html）

第二类是2×4工法。它是日本传统工法和美国标准化的结合，以2in×4in（1in=2.54cm）的木材为骨材，结合墙面、地面、天井面等面形部件作为房屋的主体框架进行房屋建造。该工法较传统的轴组工法有更高的施工效率，且不需要技术较高的熟练工，适合中小企业进行房屋建造。该工法不同于当时盛行的美国式的标准化、规格化工法，房屋构造形式多样、较高的抗震与耐火性能、西洋式的外观设计等是其特色。1988年，日本采用该工法的新建住宅户为4.2万套，占全部新建住宅的2.5%。此后持续增长，2003年达到8.3万套，占全部新建住宅的7.2%，如图2.5所示。

图2.5　日本的2×4工法住宅实例

（图片源自 http://blog.sina.cn/dpool/blog/s/blog_700566500100ty50.html）

第三类是预制构造工法。它是大型住宅建设企业的主要施工方法。该工法是将住宅的主要部位构件,如墙壁、柱、楼板、天井、楼梯等,在工厂中成批生产,现场组装。从目前的日本住宅市场来看,预制构造住宅并没有真正发挥其标准化生产而降低造价的优势,主要原因:一是大部分消费者仍倾向于日本传统的木质结构住宅;二是标准部件以外的非标准设计、加工所需要的费用使该工法建造的住宅总体造价上升,价格优势无法发挥。2003年使用该工法的新建住宅户数为15.8万套,占当时新建住宅的13.5%。历史最高水平是1992年,采用该工法建造的住宅为25.3万套,占当时新建住宅的17.8%,如图2.6所示。

**图2.6 日本的预制构造工法住宅实例**

(图片源自 http://blog.sina.cn/dpool/blog/s/blog_700566500100ty50.html)

**(五)日本住宅工业化的特色**

1. 建筑生产标准化,产品选择多样化

住宅建设标准化包括建筑设计标准化和施工管理标准化。其中,建筑设计标准化是建筑生产工业化的前提条件,前提条件包括建筑设计的标准化、建筑体系的定型化、建筑部品的通用化和系列化。建筑设计标准化是在设计中按照一定的模数标准规范构件和产品,形成标准化、系列化的部品,减少设计的随意性,并简化施工手段,以便于建筑产品能够进行成批生产。施工管理标准化是指标准化的施工计划表及施工安全管理。中间产品的工厂化生产,标准化的施工表格管理和工艺要求确保了建筑产品能够以工业化的生产方式进行组织和制造。例如,从样板房说明、施工现场放样到现场实施,工程管理标准一致和无差别。但标准化并不代表产品单一,为了适应不同经济条件、审美品位的顾客,日本建筑公司设置了不同面积段,从200平方米到四五百平方米,从现代风格、英式、日式到美洲草原别墅风格,尽量满足市场上的顾客的不同需求,如图2.7至图2.11所示。

图2.7　标准化的住宅

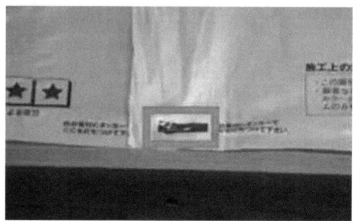

图2.8　标准化的模块墙体和落钉位置

图2.9　模块化混凝土构件的使用

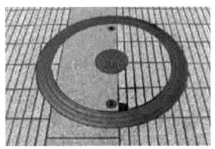

**图2.10　标准化井盖铺装设计与广场地面高度吻合**

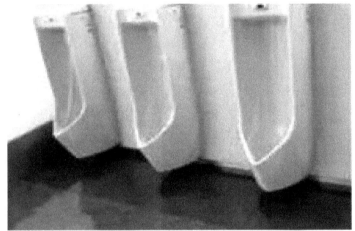

**图2.11　卫生间一致化标准配置**

（图2.7至图2.11源自 http://www.sohu.com/a/114260498_467801）

2. 产品注重抗震和保温，功能多样契合用户需求

日本是一个地震多发国家，因此国民特别关注建筑的安全和抗震性能。1995年，阪神大地震之后，日本对建筑物的抗震性能提出了更高的要求。法律上规定最低标准和最低要求是"保护人身安全"，第二水平要求是"保护财产"，第三水平要求是"维持功能"，最高水平的要求是"保护地域的安全"。在此背景下，隔震与减震结构得到很快普及，从单户住宅到超高层集合住宅都得到广泛应用，隔震与减震装置的种类也不断增加。日本建筑工业化的过程中大量使用轻质材料，以降低建筑物重量和增加装配式构件连接的柔度，外观不求奢华，但里面清晰而有特色，长期使用不开裂、不变形、不褪色，为厨房、厕所配备各种卫生设施提供了有利条件，为改建、增加新的电气设备或通信设备创造了可能性。另外，日本也是一个高纬度国家，保温节能也是购房者的现实需求，因此工业化建筑的内墙和外墙都有保温层，最大限度地减少冬季采暖和夏季空调的能耗。日本工业化建筑的隔声和防火性能也十分出色，同时其工业化建筑处处可见一些巧妙的设计，比如在一些特殊的空

间和位置的巧妙设计很好地结合了实际的产品使用特点,增加相应的使用功能,契合用户需求,如图2.12至图2.15所示。

图2.12　日本工业化建筑柱抗震构造节点

图2.13　日本工业化建筑地面抗震构造节点

图2.14　喷涂发泡胶内墙保温

图2.15　排水立管外包隔音棉

(图2.12至图2.15源自http://www.sohu.com/a/114260498_467801)

3. 生产方式工业化,建造过程精细化

生产方式工业化是指将建筑产品形成过程中需要的中间产品(包括各种构配件等)的生产由施工现场转入工厂化制造,用工业产品的方式控制建筑产品的建造,实现以最短的工期、最小的资源消耗,保证住宅最好的品质。

日本建筑工业化借助信息化手段,用整体集成的方法把工程建设组织起来,使得设计、采购、施工、机械设备和劳动力配置更加优化,提高了资源的利用效率。由于机械化程度高,在现场能看到的都是专业施工技术人员,而不是如我国的工地现场的建筑班组。

由于建筑构配件大部分在工厂制造,机械及技术施工受气象因素影响小,工人严格按照8小时工作,现场有条不紊,如图2.16所示。

**图2.16 建筑构配件大部分在工厂制造**

(图片源自 http://www.sohu.com/a/114260498_467801)

日本建筑企业在采取标准化设计、精细化工厂生产、现场装配完成六面墙面瓷砖铺贴和小空间瓷砖铺贴的过程中,减少了现场湿作业,且品质高,具有成本经济的优势,如图2.17所示。

**图2.17 六面墙面瓷砖铺贴**

(图片源自 http://www.sohu.com/a/114260498_467801)

**(六)经验借鉴**

从日本住宅产业化发展历程中,我们可以看出日本住宅产业化发展十分迅速,其成功经验总结如下。

1. 建立健全相关组织机构

日本政府在战后复兴初期便首先建立健全了相关组织机构,如建设省、公团、住宅金融公库等机构的设立,均从不同层次、不同方面引导和推进住宅产业化的实施,已成为装配式建筑能够顺利推行的重要保障。

2. 制定促进装配式建筑发展的相关法律和计划

从1952年起,日本先后制定了5期公营住宅建设3年计划,并于1955年制定并实行"住宅建设10年计划",1966年起连续实行"住宅建设5年计划"。此外,为保证一系列计划的顺利实施,日本制定并颁布了一系列法律,如《公营住宅法》《住宅金融公库法》《住宅建设计划法》等。

3. 制定促进住宅建设和消费经济政策

为了推动装配式建筑的发展,通产省和建设省相继设立了住宅体系生产技术开发补助金制度及住宅生产工业化促进补贴制度,通过一系列金融制度引导企业,使其经济活动与政府制定的计划目标一致;在鼓励住房消费方面,住宅金融公库以比商业贷款低30%的优惠利率向中等收入以下的工薪阶层提供购房长期贷款,贷款期限可以长达35年,大大促进了住房消费。

4. 制定促进装配式建筑发展的技术政策

第一,大力推进住宅标准化工作。日本政府制定了一系列标准来推动装配式建筑工作,如"施工机具标准""设计方法标准"等。第二,建立一系列认定制度。日本建立了一系列认定制度,如实行优良住宅部品认定制度,认定综合部门审查部品的外观、质量、安全性、耐久性等性能,对合格的部品贴有为期5年的"BL部品标签";除此之外,日本还实行装配式住宅性能认定制度、CHS(Century Housing System,百年住宅体系)认定制度等。第三,实行住宅技术方案竞赛及征集制度。日本多次开展住宅技术方案竞赛及征集制度,通过竞赛及征集的形式,不仅可以选出最符合标准的技术方案,更可以展示不同时期居民的不同需求。

## 三、德国的发展

德国的装配式住宅主要采取叠合板、混凝土、剪力墙结构体系,采用构件装配式与混凝土结构,其耐久性较好。德国是世界上建筑能耗降低速度最快的国家,近几年更是提出发展被动式低耗能建筑。从大幅度的节能建筑到被动式建筑,德国都采取了装配式住宅来实施,装配式住宅与节能标准之间已实现充分融合,如图2.18所示。

图2.18　德国装配式建筑

(图片源自https://m.baidu.com/tc? from=bd_graph_mm_tc&srd=1&dict=20&src=http%3A%2F%2Fz.hangzhou.com.cn%2F2015%2Fxxjzgy%2Fcontent%2F2015-12%2F10%2Fcontent_5973118.htm&sec=1557892279&di=abbd34964a054201)

**(一)发展历程**

1926—1930年间在柏林建造的战争伤残军人住宅区是德国最早的预制混凝土板式建筑,共有138套住宅,大部分为两至三层楼。如今该住宅区的名称改为施普朗曼(Splaneman)居住区,采用现场预制混凝土多层复合板材构件,构件最大重量达到7吨。

第二次世界大战后,西德地区70%～80%的房屋遭到破坏,住房问题显得尤为突出。同时,政府高度重视住宅问题,开始进行大规模重建工作,德国装配式建筑业迎来了契机。东德地区1953年在柏林约翰尼斯塔(J.hannisthal)进行预制混凝土大板建造技术的第一次尝试,1957年在浩耶斯韦达市(Hoyerswerda)的建设中第一次大规模采用预制混凝土构件施工。此后,东德用预制混凝土大板技术大量建造预制板式住宅,预制混凝土大板住宅的建筑风格深受包豪斯理论的影响。

1972—1990年,东德地区开展大规模住宅建设工作,并将完成300万套住宅确定为重要的政治目标,预制混凝土大板技术体系成为最重要的建造方式。这期间东德用混凝土大板技术建造了大量大规模住区、城区,如10万人口规模的哈勒(Halle)新城。

在过去的几十年中,德国依靠其雄厚的工业化基础和职业教育环境,通过不断完善法律、标准,并在相关协会和企业的执着与坚持下,逐步形成了完整的产业体系,兼其为德国的社会、经济可持续发展做出了巨大的贡献。

**（二）建筑工业化现状**

对于装配式建筑，只追求设计、生产或施工单一环节的建筑工业化，无疑是一叶障目，不见泰山。如果没有完整的装配式建筑产业链的支撑，将无法使各个结构体系融洽地结合应用，那样不仅影响各环节本身的发展，也会使整个装配式建筑产业无序发展。目前，德国已经形成了一条包含建筑设计、工程设计、生产工艺、物流运输、施工安装和配套产品供应的完整的产业链，如图2.19所示。

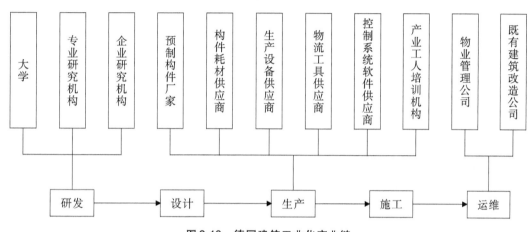

**图2.19 德国建筑工业化产业链**

研发：在产学研合作方面，德国一直走在世界前列，建筑行业也不例外。在装配式建筑领域的技术和产品研发方面，许多大学都与有产品和技术研发需求的企业保持着紧密合作关系。企业根据自身产品和技术革新的需求，向大学提出联合或者委托研究，大学在理论和验证性实验方面具备完整的科研体系，能科学地完成相关科研目标。其他独立的专业研究机构，则在新型材料、技术等方面有着深厚的实用性研究的积累，这促进了新技术和新产品的发展。

设计：设计工作在德国的特点是分工有序，各专业设计机构之间紧密合作。建筑单位负责牵头与客户对接，然后相关的专业（如水、机电、暖通等）设计机构也会受委托进行专项设计。预制构件深化则是和结构设计结合在一起的。相关的软件厂商积极开发软件系统和数据标准，方便设计师们进行协同设计。同时，BIM也得到广泛的应用，设计成果不仅有图纸还有大量的数据和清单与生产系统及各企业ERP管理系统方便对接。

生产：可以说德国建筑产业本身就具有工业化的基因，德国强大的机械设备设计加工能力使预制构件的生产得到了变革式的飞跃发展。在板式构件的加工方面，由于有了安夫曼、沃乐特这类专职于做设备加工的企业，优立泰、SAA这样的生产控制系统的软件供应商的支持,流水作业变为可能,而且摆脱了传统板式构件预制必须具备固定模数尺寸的限制,更加能满足个性化的需求。在非板式构件的加工方面,通过大量家族企业孜孜不倦地开发新产品,完善技术,使生产效率大幅提高,成本得以降低。生产所需的预埋件与消耗品,如门窗、保温隔热构件、起吊件、套管、电气开关线盒线管、钢筋制品到化学剂等都是各专业的厂家进行供货。构件的特殊运输车辆也是在这个发展的过程中被车辆供应商结合需求不断地开发出来的。当然,在这个过程中,在产标、研发、协调等方面协会起着重要的作用。

此外,德国在全球处于领先地位的"双元制"职业教育制度,通过校企合作、工学结合,培养适应市场需求的技能型人才,为建筑工业化提供了大量优秀的产业工人。

施工:德国大多数建筑施工企业都有着预制建筑的施工经验,从豪赫蒂夫(Hochtief)、旭普林(Zublin)这些大集团公司到地方上的小家族企业,都进行了很多预制建筑领域的创新和施工技术的创新;在工具和支撑、模板方面,像哈芬(Halfen)这类公司对这些施工企业给予了莫大的支持;在吊装机械方面,像利勃海尔(Libherr)这类公司做着贡献;在预制建筑方面也有专门的协会,促进着交流与创新。

运维:在德国有大量专业的物业公司对建筑进行运维管理。在维修维护和改造方面,对于战后所建的多层板式住宅楼,由于当时的技术条件和建造条件的限制,面临着大量的维修维护和改造困境,类似西伟德建材集团(Sievert Construction),会提供大量改造类项目及维修维护类项目所需的特殊建材。

### (三)启示与借鉴

德国装配式建筑业自第二次世界大战后70多年的积累,对我们有很多启示和借鉴。

1. 装配式建筑应有完善的产业链支撑

装配式建筑不是只有设计单位或施工单位就能推动的产业,它需要标准规范、施工工艺、吊装设备、部品部件等一系列配套的环境,需要产业链上下游企业共同参与才能完成。我们应发挥"政产学研用"的协同创新模式,大力进行装配式建筑业的研发、设计、生产、运输、施工等方面的技术创新、产品创新和管理创新,通过产业链协同的方式大力推进装配式建筑业发展的进程。

2. 管理模式需要创新

在德国实行的设计师负责制,打通了设计、生产、施工和运维环节,保证了产业链的协同,更好地发挥了产业化的优势。在我国,应大力推行以工程总承包(Engineering Procurement Construction,EPC)为龙头的设计、施工一体化的模式,从而更好地发挥装配式建筑的优势,并实现现代化的企业运营管理模式。

**3. 在推进装配式建筑行业发展时应有执着和坚持精神**

从德国的装配式建筑进程看,也不是一帆风顺的,其中有很多低谷。但相关的企业都坚持走工业化的道路,在低谷时期研究相关技术和新产品,通过创新不断提高工业的质量和水平,改变人们对工业化的认识,最终迎来了市场的认可和繁荣。当前,我国的装配式建筑业也存在着市场不足、民众认可度不高的问题,因此相关企业应学习德国企业的执着和坚持精神,通过坚持不懈的持续推进,最终一定能迎来装配式建筑业发展的春天。

**4. 应大力培养产业工人**

从德国的装配式建筑进程看,"双元制"职业教育制度,为建筑工业化提供了大量优秀的产业工人。目前,我国装配式建筑业的技术工人严重不足,这严重制约着产业化的发展。为了解决这个问题,政府和企业应共同行动。政府应大力推进职业资格教育,鼓励校企联合培养产业工人。企业也应建立自己的产业化培训体系和组建自己的产业化队伍,为产业化提供充足的技术工人队伍。

**5. 灵活运用装配式建筑结构体系**

德国的装配式建筑结构非常成熟,钢结构、木结构、玻璃结构、预制混凝土、现浇混凝土、集成化设备结构体系灵活组合应用在公共建筑、多层和高层住宅中。我国在推进装配式建筑的过程中,也应综合考虑成本、质量、安全等因素,合理选用结构体系,而不能通过政策性指令去限定结构体系的应用。

**6. 合理选择建筑工业化技术体系**

德国的建筑工业化技术体系主要分为大模板、预制和TGA体系。德国的大模板体系非常成熟,如图2.20所示,广泛应用在建筑、桥梁、隧道、水利等领域。在预制体系方面,德国会因地制宜,综合考虑结构性能、施工是否便捷等因素,将混凝土、钢结构、木结构、玻璃结构等进行有机结合,从而结合各自体系之长,选用最合适的结构体系用于建筑中。在建筑部品、专业产品、设备集成方面,德国有完善的产品和产业链,这些很好地支撑了德国建筑工业化的发展。

目前,我国在推行装配式建筑方面,偏重于强调预制装配式主体结构技术体系,2015年年底我国又提出了推行钢结构、木结构技术体系,但相对还是比较单一。其实大模板也是工业化的技术体系之一。我国企业在推行装配式建筑时,应借鉴德国的经验,综合考虑环境、性能、施工、成本、质量、安全、配套部品、部件等因素,选择合适的技术体系或通过技术体系组合,更好地发挥装配式建筑所带来的优势。

墙模板

圆筒形模板

隧道模板

高层模板

**图2.20　德国大模板体系**

(图片源自 http://www.sohu.com/a/274813385_100277521)

## 四、法国的发展

法国预制混凝土结构的使用已经历了130余年的发展历程,是世界上推行装配式建筑最早的国家之一。法国装配式建筑的特点是以预制装配式混凝土结构为主,钢结构、木结构为辅,装配式住宅多采用框架或者板柱体系,焊接、螺栓连接等均采用干法作业,结构构件的生产与设备、装修工程分开,这样减少了预埋量,提高了生产和施工质量。

### （一）发展历程

法国装配式建筑发展经历了3个阶段：

第一阶段是以"数量"为目标的装配式建筑形成阶段。20世纪五六十年代，第二次世界大战对法国的住宅建筑造成了极大的破坏，为了解决"房荒"问题，法国进行了大规模的装配式建筑生产，以成片住宅新区建设的方式大量建造住宅，此阶段又被称为"数量时期"。

第二阶段是以"高性能"为目标的装配式建筑成熟阶段。20世纪70年代，法国住房短缺问题得以缓解，但是随着居民生活水平不断提高，新区的问题逐渐暴露出来，于是人们开始反思20世纪五六十年代的新区建设，开始寻求装配式建筑的新途径。装配式建筑的重点逐渐从"量"转移到"质"上，即全面提高住宅的性能，住宅产业化开始迈入成熟阶段。

第三阶段是以"高品质环保"为目标的装配式建筑高级阶段。从20世纪90年代开始，为了缓解全球"温室效应"，法国等欧盟国家率先提出城市和建筑业的可持续发展，由此装配式建筑发展的重点开始转向节能、减排，即逐渐降低住宅的能源消耗、水消耗、材料消耗，减少其对环境的污染，实现可持续发展。由此，法国的装配式建筑进入了"高品质环保"的高级阶段。

### （二）装配式建筑的主要形式

在法国建筑工业化快速发展时期，样板住宅是装配式住宅的主流形式。样板住宅实际上就是标准化住宅，设计图纸公开发行，所有厂家都可以生产。从1968年开始，样板住宅政策要求施工企业与建筑师合作，共同开展标准化的定型设计。同时，国家通过全国或地区性竞赛选出优秀方案，推荐使用。1972—1975年，法国在建筑设计和建筑技术方面有一定创新的基础上，进行了一些设计竞赛，最后确定了大概25种样板住宅。这些样板住宅实际是以户型和单元为标准的标准化体系，如图2.21所示。

如图2.22所示，DM73样板住宅基本单元为L形，设备管井位于中央，基本单元可以加上附加模块A或B，并采用石膏板隔墙灵活分隔室内空间，这样可以灵活组成17室户，不同楼层之间也可以根据业主需求灵活布置。规划总平面中，这些基本单元可以组合成5～15层的板式、锯齿式、转角式的建筑，或者5～21层的点式建筑，或者低层的联排式住宅。

虽然定型单位的尺度越小，其组合的灵活度越高，最终的多样性越能保证。但是这会导致其生产规模缩小，生产效率降低。因为受限于住宅生产规模的进一步缩小，即使只有25种样板住宅，但其每一种的生产量仍然小到无法维持，最终不可避免地走向衰败。

**图 2.21 法国典型装配式住宅**

（图片源自 https://m.baidu.com/tc？from=bd_graph_mm_tc&srd=1&dict=20&src=http%3A%2F%2Fwww.th7.cn%2FDesign%2Froom%2F201611%2F799311.shtml&sec=1557892589&di=f086678d41237280）

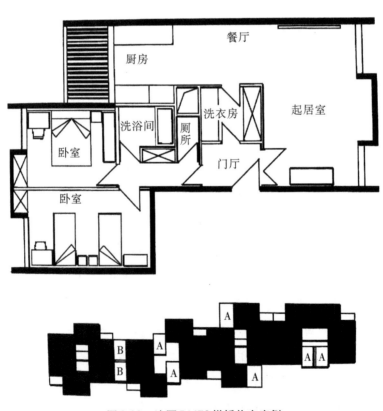

**图 2.22 法国DM73样板住宅实例**

（图片源自 http://blog.sina.com.cn/s/blog_4d9ac2550100aq8l.html）

1977年,法国希望通过建立模数协调规则来建立一种通用构造体系,以解决这个问题。为此,法国成立了构件建筑协会ACC,包括:建筑师同业会,建筑材料、构配件及设备工业协会(AIMCC),全国建筑承包商联合会(FNB),设计顾问公司联合会(SYNTEC),法国顾问工程师协会(CICF)。构件建筑协会的主要工作是建立模数协调规则。

1978年,构建建筑协会制订了模数协调规则,内容包括:采用模数制,基本模数M=100,水平模数=3M,垂直模数=1M;外墙内侧与基准平面相切,隔墙居中,插放在两个基准平面之间,轻质隔墙不受限制可偏向基准平面的任一侧;楼板上下表面均可与基准平面相切,层高和净高中有一符合模数即可。这种模数协调规则的表达方式过于复杂,难以理解,并且若按照该规则制订的标准化节点设计,将使建筑设计化。因此,1978年,法国住宅部提出在模数协调规则的基础上发展构造体系。

构造体系是向开放式工业化过渡的手段,它是由施工企业或设计事务所提出主体结构体系,每一体系由一系列可以互相装配的定型构件组成,并形成构件目录。所有构造体系符合尺寸协调规则,建筑师可以从目录中选择构件,像搭积木一样组成多样化的建筑,可以说构造体系实际上是以构配件为标准化的体系。样板住宅的体系是以户型和单元为标准单位的,所以在设计上构造体系比样板住宅更灵活,在这种情况下,设计师的灵活性和主动性就增强了。

法国住宅部委托建筑科技中心(Centre Scientifique et Techuique de Batiment,CSTB)进行评审,共确认了25种体系,年建造量约为1万套。为了促进构造体系的发展应用,法国政府规定:选择正式批准的体系,可以不经过法定的招投标程序,直接委托。这一政策刺激了构造体系的发展。法国构造体系以预制混凝土体系为主,钢、木结构体系为辅,在集合住宅中的应用多于独户住宅;多采用框架或者板柱体系,向大跨度发展,焊接、螺栓连接等均采用干法作业,结构构件的生产与设备、装修工程分开,因而使预埋量减少,生产和施工质量提高。这些特点和我们现在倡导选择的装配式技术体系非常相似。法国的一些构造体系的实例如图2.23所示。

上述构造体系是一种预制大板体系,适用于7层以下的住宅建筑。楼板为预制条形板:跨度4800毫米以下的采用160毫米的厚实心板,跨度4800毫米以上的采用预应力空心板。内外墙板统一规格,为实心板或多孔板,外墙做外保温加抹灰或混凝土装饰板,墙板之间的连接节点可预制,可现浇,墙板与楼板之间的连接节点可焊接或者现浇,楼板与楼板之间预留槽灌浆。

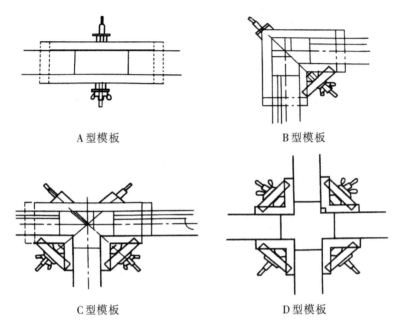

A 型模板      B 型模板

C 型模板      D 型模板

**图2.23　法国SGE-C构造体系实例的现浇节点模板示意图**

（图片源自 http://blog.sina.com.cn/s/blog_4d9ac2550100aq8l.html）

### （三）经验借鉴

**1. 在住宅大规模建设时期推进装配式建筑发展**

法国抓住住宅大规模建设的有利契机，形成了工业化生产建造体系，改变了传统的住宅手工建造方式，提高了生产效率。该阶段以全装配式大板和工具式模板现浇工艺为标志，出现了许多"专用建筑体系"。

**2. 建立建筑部品的模数协调原则**

在20世纪90年代，法国混凝土工业联合会和混凝土制品研究中心编制出一套GS软件系统。这套软件系统把遵守统一模数协调原则、安装上具有兼容性的建筑部件汇集在产品目录之内，告诉使用者有关选择的协调规则、各种类型部件的技术数据和尺寸数据、特定建筑部位的施工方法，以及其主要外形、部件之间的连接方法，设计上的经济性，等等。模数协调原则的制定，使得预制构件的大规模生产成为可能，在降低成本的同时提高了效率。

**3. 推动形成"建筑通用构造体系"**

构造体系最突出的优点是使建筑设计灵活多样。它作为一种设计工具，仅向建筑师提供一系列构配件及其组合规律，至于设计成什么样的建筑，建筑师有较大的自由。1982年后，法国政府调整了技术政策，推行构件生产与施工分离的原则，发展面向全行业的通用构配件的商品生产,并开发出"构造逻辑系统"软件,通过其可以设计出多样化的建筑,这样不仅能进行辅助设计,而且可快速提供工程造价。通过推行"建筑通用构造体系",法国的装配式建筑业得到了大发展。

## 五、瑞典的发展

瑞典是世界上装配式建筑发展最好的国家之一,建筑工业化程度达到80%以上。瑞典采用了大型混凝土预制板的装配式技术体系,装配式建筑部品部件的标准化已逐步纳入瑞典的工业标准。为推动装配式建筑产品建筑工业化通用体系和专用体系的发展,政府规定只要使用按照国家标准协会的建筑标准制造的结构部件来建造建筑产品,就能获得政府资金支持。

### (一)发展历程

第二次世界大战后瑞典的住宅建设经历了大约20年的稳定发展时期,在20世纪70年代初达到高峰,住它建设量从1958年的5套/千人·年,增加到1973年的12.5套/千人·年。以后逐渐有所下降,一般保持在4~6套/千人·年之间。

瑞典从20世纪50年代开始在法国的影响下推行装配式建筑,并由民间企业开发了大型混凝土预制板的工业化体系,之后大力发展以通用部品为基础的通用体系。目前,瑞典的新建住宅中,采用通用部品的住宅占80%以上。有人说:"瑞典也许是世界上工业化住宅最发达的国家。"

### (二)装配式建筑特点

1. 在较完善的标准体系基础上发展通用部件

瑞典早在20世纪40年代就着手建筑模数协调的研究,并在20世纪60年代大规模住宅建设时期,建筑部件的规格化逐步纳入瑞典工业标准。瑞典颁布了"浴室设备配管"标准、"门扇框"标准、"主体结构平面尺寸"和"楼梯"标准、"公寓式住宅竖向尺寸"及"隔断墙"标准、"窗扇、窗框"标准、"模数协调基本原则"、"厨房水槽"标准等,囊括了公寓式住宅的模数协调,以及各部件的规模、尺寸。部件的尺寸、连接等标准化、系列化为提高部件的互换性创造了条件,从而使通用体系得到较快的发展。

2. 独户住宅建造工业十分发达

20世纪20年代,瑞典新建公寓式住宅所占比例较大,之后独立式住宅量逐渐超过公寓式住宅量,目前独立式住宅大约占80%,而这些独立式住宅中90%以上是以工业化方法建造的。在五十几个工业化住宅公司中,有12家为大型住宅公司。建筑体系有小型和大型大框架,包括高效保温板材体系。工厂的生产技术较先进,同时能考虑到住宅套型的灵活性。瑞典的住宅生产商向西德、奥地利、瑞士、荷兰,以及中东、北非出口住宅,同时还打入了美国市场,如图2.24所示。

**图2.24 瑞典建成后的独户住宅**

(图片源自 http://blog.sina.cn/dpool/blog/newblog/mblog/controllers/exception.php? sign=B00309&uid=1259295385)

3. 政府重视标准化和贷款制度推动装配式建筑

政府一直重视标准化工作,早在20世纪40年代就委托建筑标准研究所(Byggstandis-eringen)研究模数协调,以后又由建筑标准协会(BSI)开展建筑标准化方面的工作。为了推动住宅建设工业化和通用体系的发展,瑞典1967年制定的《住宅标准法》规定,只要使用按照瑞典国家标准协会的建筑标准制造的建筑材料和部件来建造住宅,该住宅的建造就能获得政府的贷款。

4. 住宅建设合作组织起着重要作用

居民储蓄建设合作社(HSB)是瑞典合作建房运动的主力。同时,居民储蓄合作社开展材料和部件的标准化工作,它制订的"HSB规格标准"更多地反映了设计人员和居民的意见,更能符合广大成员的要求。

**(三)经验借鉴**

(1)要重视建筑的可持续发展。尽管瑞典是一个环境优美,水资源、能源和木材资源都较为丰富的国家,但在节能环保领域中所做的努力及其严谨的态度,更加反映其对于可持续发展的战略追求。可持续发展要抓住机遇,因地制宜地制订阶段性目标,依靠合理的规划、技术集成与产品创新来逐步实现。

(2)在项目的组织协调方面,装配式住宅项目得以顺利实施得益于强有力的生产组织、协调机制——以开发商为龙头和主导,以项目为平台,把与住宅相关如规划设计、建筑、部品、材料、代理、工程监理等企业连接起来,在一个平台上完成住宅的产业化配套集成,形成了一个利益、责任、协作的共同体。通过产业链的链接,实现产业间、企业间有序配合的生产组织模式,最终形成了一个多赢的利益共同体。

(3)在项目的实施上,瑞典装配式住宅小区在建造过程中并未采用特别先进、高造价的技术和产品,而是把重点放在对现有的、成熟适用的住宅技术与产品的集成。瑞典装配式住宅的能源供给依靠当地可再生能源,通过把当地已经广泛应用的风能、太阳能、地缘热泵等技术加以集成而实现。

(4)在推进机制上要有所创新,瑞典的做法有以下几点可值得借鉴:引进 LCA(Life Cycle Assessment,生命周期评价)全寿命周期造价评估,来体现装配式住宅合理的性价比;政府机构制定相应的配套措施和激励机制,如对于可再生能源的激励政策;通过现代的 IT 信息技术,辅以环境教育来强化使用者和最终客户的认知度、知情权和监督权。

# 第二节　我国装配式建筑发展历程

## 一、我国住宅产业化发展历程

我国住宅产业化发展历程可分为3个阶段:

第一阶段:20世纪50至80年代的创建和起步期。20世纪50年代我国提出向苏联学习工业化建设经验,学习设计标准化、工业化、模数化的方针,在建筑业发展预制构件和预制装配件方面进行了很多关于工业化和标准化的讨论与实践。20世纪五六十年代开始研究装配式混凝土建筑的设计施工技术,形成了一系列装配式混凝土建筑体系,较为典型的建筑体系有装配式单层工业厂房建筑体系、装配式多层框架建筑体系、装配式大板建筑体系等。20世纪六七十年代借鉴国外经验和结合国情,引进了南斯拉夫的预应力板柱体系,即后张预应力装配式结构体系,进一步改进了标准化方法,在施工工艺、施工速度等方面都有一定的提高。20世纪80年代提出了"三化一改"方针,即设计标准化、构配件生产工厂化、施工机械化和墙体改造,出现了用大型砌块装配式大板、大模板现浇等住宅建造形式,但由于当时产品单调、造价偏高和一些关键技术问题未解决,建筑工业化综合效益不高。这一时期可以说是在计划经济形式下政府推动的、以住宅结构建造为中心的时期。

第二阶段:20世纪80年代至2000年的探索期。20世纪80年代住房开始实行市场化的供给形式,住房建设规模空前扩张。这个阶段我国在工业化发展方面做了许多有积极意义的探索,例如模数标准与工业化紧密相关,1987年我国制定了GBJ2-1986《建筑模数协调统一标准》,主要用于模数的统一和协调。部品与集成化也开始在20世纪90年代的住宅领域中出现。这个时期相对于主体的工业化,主体结构外的局部工业化较突出,同时伴随住房体制的改革,对住宅产业理论进行了相关研究,主要以小康住宅体系研究为代表,但是这个时期住宅产业化与房地产建设的发展脱节。

第三阶段:2001年以来的快速发展期。这个时期关于住宅产业化和工业化的政策和措施相继出台。在政策方面,2006年原建设部颁布了《国家住宅产业化基地试行办法》,2008年开始探索SI(结构首架承重)住宅技术研发和"中日技术集成示范工程";在装修方面,进一步倡导了全装修的推进。近年来,地方政府关于住宅工业化的政策也相继出台,其中北京、上海、深圳、沈阳等地的政府也专门制定了规范。2013年1月国家发改委、住房和城乡建设部联合发布了《绿色建筑行动方案》(国办发〔2013〕1号),明确将推动建筑工业化作为十大重点任务之一。在大力推动转变经济发展方式、调整产业结构和大力推动节能减排工作的背景下,北京、上海、沈阳、深圳、济南、合肥等城市的地方政府以保障性住房建设为抓手,陆续出台支持建筑工业化发展的地方政策。国内的大型房地产开发企业、总承包企业和预制构件生产企业也纷纷行动起来,加大对建筑工业化的投入。从全国来看,以新型预制混凝土装配式结构快速发展为代表的建筑工业化进入了新一轮的高速发展期。这个时期是我国住宅产业真正进入全面推进的时期,工业化进程也在逐渐加快推进,但是总体来看与发达国家相比差距还很大。随着我国的建筑设计和建造技术的逐渐进步,设计的内容也从最初单一的形式考虑转变成在形式、功能与环保等各方之间寻求平衡,而预制装配系统几乎可以满足多种类型的建筑。实际上,装配式建筑早在几十年前便已在中国出现。近年来,随着国内外双重需求压力的不断增加,装配式建筑形式才再次被提出并应用。目前,上海已有一些企业在住宅类工程中采用了装配式建筑,例如上海浦东新区装配式建筑,见图2.25。

**图2.25 上海浦东新区惠南新市镇装配式建筑**

（图片源自 http://bbs.zhulong.com/102050_group_705/detail40028512/）

## 二、国内典型企业发展情况

### （一）上海城建集团

上海城建集团于2011年成立了预制装配式建筑研发中心。城建集团以高预制率的"框剪结构"及"剪力墙结构"建造为主，拥有预制装配住宅设计与建造技术体系、全生命周期虚拟仿真建造与信息化管理体系和预制装配式住宅检测及质量安全控制体系三大核心技术体系；建立了国内首个"装配式建筑标准化部件库"；实行的BIM信息化集成管理，已实现了利用RFID芯片，以PC构件为主线的预制装配式建筑BIM应用构架的建设工作，并在构件生产制造环节进行了全面的应用实施。目前，该企业已制订的标准有《上海城建PC工程技术体系手册》（设计篇、构件制造篇、施工篇）、上海市《装配式整体混凝土住宅体系施工、质量验收规程》、上海市《预制装配式保障房标准户型》。

### （二）远大住宅工业有限公司

远大住宅工业有限公司是国内第一家以"住宅工业"行业类别核准成立的新型住宅制造企业，是我国综合性的"住宅整体解决方案"制造商，如图2.26所示。远大住宅工业

**图2.26 远大住宅工业有限公司**

（图片源自 https://cs.house.qq.com/a/20150629/016516.htm）

有限公司 PC 的全生命周期绿色建筑，与传统建筑相比具有节水、节能、节时、节材、节地、环保的"五节一环保"特点。2012年，该公司推出第五代 H 集成住宅（BH5）。先进的第五代集成建筑体系，运用当今世界最前沿的 PC 应用开放的 BIM 技术平台，建立健全并丰富和发展了工业化研究体系、设计体系、制造体系、施工体系、材料体系与产品体系，具有质量可控、成本可控、进度可控等多项技术优势。

**（三）万科集团**

万科集团从1999年开始成立住宅研究院，2004年正式启动住宅产业化研究，在东莞松山湖建立了万科建筑研究基地，技术研发方面先后投入数亿元，从研究和学习日本的预制装配式建筑开始，逐渐演变到自主研发创新发展道路，目前已见成效。2018年，万科集团在深圳、北京、上海、南京用装配式结构建设的 PC 住宅已经接近1300万平方米，成为国内引领产业化发展的龙头企业。

万科集团目前的装配式结构住宅中主要有预制外墙挂板和预制装配式剪力墙两种体系，预制外墙挂板体系经历了从日本的"后装法"向中国香港的"先装法"转变的过程，逐渐走向成熟；该集团自主研发的预制装配式剪力墙结构体系也经历了从单纯的"预制纵向外剪力墙"向"预制横向剪力墙和内剪力墙"转变的过程，建筑的装配率和预制率不断提高，目前技术已经成熟，正在逐步提升经济性，其中的关键技术为"钢筋套筒灌浆连接""夹心三明治保温外墙""构件装饰一体化"等。

万科集团第五公寓楼（如图2.27所示）位于深圳市龙岗区布吉新正坂田雅园路与虎山路交汇处，总建筑面积约为1.48万平方米，分 A、B 两种户型，它们分别为42.11平方米和86.35平方米。这是万科集团首次使用产品开发流程进行工业化住宅产品开发的项目。

**图2.27　万科集团的第五公寓楼**

（图片源自 http://www.sohu.com/a/254677367_649653）

### 三、我国各省市的装配式建筑政策

目前,全国已有30多个省市出台了装配式建筑专门的指导意见和相关配套措施,不少地方更是对装配式建筑的发展提出了明确要求,同时越来越多的市场主体开始加入装配式建筑的建设大军中。在各方共同推动下,2015年全国新开工的装配式建筑面积达到3500万～4500万平方米,2018年末全国预制构件厂数量达到120家左右。

1. 上海市

(1)装配式保障房推行总承包招标。上海市建筑建材业市场管理总站和上海市住宅建设发展中心联合下发通知,要求上海市装配式保障房项目宜采用设计(勘察)施工、构件采购工程总承包招标。

(2)单个项目最高补贴1000万元。对总建筑面积达到3万平方米以上,且预制装配率达到45%及以上的装配式住宅项目,每平方米补贴100元,单个项目最高补贴1000万元;对自愿实施装配式建筑的项目给予不超过3%的容积率奖励;装配式建筑外墙采用预制夹心保温墙体的,给予不超过3%的容积率奖励。

(3)以土地源头实行“两个强制比例”。2015年在供地面积总量中落实装配式建筑的建筑面积比例不少于50%;2016年外环线以内符合条件的新建民用建筑全部采用装配式建筑,外环线以外超过50%;从2017年起外环线以外在50%的基础上逐年增加。

(4)2015年单体预制装配率不低于30%,2016年起不低于40%。

2. 广东省

(1)装配式建筑将达到30%。2016年7月,广东省城市工作会议指出,要发展新型建造方式,大力推广装配式建筑,到2025年,使装配式建筑占新建建筑的比例达到30%。

(2)推动装配式施工。广东省住房和城乡建设厅于2016年4月印发《广东省住房城乡建设系统2016年工程质量治理两年行动工作方案》,大力推广装配式建筑,积极稳妥地推广钢结构建筑。同时,广东省启动装配式、钢结构建筑工程建设计价定额的研究编制工作。

(3)单项资助最高200万元。2016年6月深圳市住房和建设局发布了《关于加快推进装配式建筑的通知》和《EPC工程总承包招标工作指导规则》,对经认定符合条件的示范项目、研发中心、重点实验室和公共技术平台给予资助,单项资助额最高不超过200万元。

3. 湖南省

(1)装配式钢结构系列标准出台。2016年6月4日,湖南省正式发布3项关于装配式钢结构的地方标准,分别是《装配式钢结构集成部品主板》(DB43/T995-2015)、《装配式钢结构集成部品撑柱》(DB14/T1171-2016)和《装配式斜支撑节点钢框架结构技术规程》(DBJ43/T311-2015)。

(2)装配式混凝土结构系列标准出台:2016年11月,湖南省正式发布《装配式混凝土结构建筑质量管理技术导则(试行)》《装配式混凝土建筑结构工程施工质量监督管理工作导则》。

2018年,湖南省采用新型建筑工业化技术建设了超过850多万平方米的建筑项目,包含写字楼、酒店、公寓、保障房、商品房和别墅等项目。

4. 四川省

(1)装配式建筑要超过一半:2016年3月,四川省政府印发《关于推进建筑产业现代化发展的指导意见》,要求:2016—2017年,成都、乐山、广安、西昌4个建筑产业现代化试点城市形成较大规模的产业化基地;到2025年,装配率达到40%以上的建筑,占新建建筑的比例达到50%;桥梁、水利、铁路建设装配率达到90%;新建住宅全装修达到70%。

(2)减税、奖励。地方政府支持建筑产业现代化关键技术攻关和相关研究,经申请被认定为高新技术企业的,按减15%的税率缴纳企业所得税;在符合相关法律法规等前提下,对实施预制装配式建筑的项目研究制定容积率奖励政策;按照建筑产业现代化要求建造的商品房项目,还将在项目预售资金监管比例、政府投资项目投标、专项基金、评优评奖、融资等方面获得支持。

(3)大型公共建筑全面应用"钢结构"。四川省《关于推进建筑产业现代化发展的指导意见》明确规定,政府投资的办公楼、保障性住房、医院、学校、体育馆、科技馆、博物馆、图书馆、展览馆、棚户区危旧房改造工程、历史建筑保护维护加固工程,以及大跨度、大空间和单体面积超过2万平方米的公共建筑,全面应用钢结构等。

(4)不建"精装房"不要想拿地。四川《关于推进建筑产业现代化发展的指导意见》明确提出,对以出让方式供应的建设项目用地,在规划设计条件中明确项目的预制装配率、全装修成品住房(即所谓"精装房")比例,并列入土地出让合同中。

"房产商要买地,先要同意按建筑产业化方式来建房。"四川省住建厅相关负责人透露,该政策将在全省推广。每个地块建筑产业化装配率都应在20%以上,到2020年要达到30%以上。

5. 福建省

(1)最高补贴100万元。2016年6月30日,《泉州市推进建筑产业现代化试点实施方案》正式印发。该方案提出了至2020年,实现泉州市装配式建筑占新建建筑的比例达到25%以上,重点培育3～5家建筑产业现代化龙头企业的目标。同时,提出作为节能产业,使用了新材料、新工艺的,方案明确后可以申请专项资金补助,即按项目规定建设期内购置主要生产性设备或技术投资额不超过5%的比例给予补助,最高限额为100万元。

(2)2020年新建建筑中30%为装配式。到2020年,泉州、厦门的装配式建筑要占各市新建建筑的比例达30%以上;泉州、厦门保障性安居工程采用装配式建造的比例都要达40%以上。

6. 河北省

(1)推动农村装配式住宅。河北省住房和城乡建设厅确定平山、易县、张北3个县为试点县,推动农村住宅产业现代化发展。2015年末,河北省已有5个国家住宅产业现代化基地和9个省级住宅产业现代化基地,建成7条预制构件生产线,年设计产能达40万立方米。

(2)政府投资项目100%采用产业化:石家庄市政府办公厅印发《关于加快推进我市建筑产业化的实施意见》,要求2016年石家庄市试点建筑产业化,提出在该市范围内大力推广建筑产业化。其具体时间安排如下:

2016年是试点期,主城区4区和省级试点县平山县分别启动一个产业化示范项目,预制装配率达到30%以上。

2017年1月—2020年12月是推广期。从2017年起,主城区4区和省级试点县平山县政府投资项目的50%以上采用产业化方式建设,非政府投资开发项目的10%以上采用产业化方式建设。到2020年底,石家庄市政府投资项目100%采用产业化方式建设。

(3)优先保障用地,给予资金补贴。石家庄市对采用建筑产业化方式建设且预制装配率达到30%的商品房项目,优先保障用地;对主动采用建筑产业化方式建设且预制装配率达到30%及以上的商品房项目,按项目使用新型墙体材料的实际比例退还墙改基金,按预制装配率返退散装水泥基金。

(4)推广钢结构。在大跨度工业厂房、仓储设施中全面采用钢结构;在适宜的市政基础设施中优先采用钢结构;在公共建筑中大力推广钢结构;在住宅建设中积极稳妥地推进钢结构应用。

7. 辽宁省

(1)政府工程均应采取预制混凝土或钢结构。政府投资的建筑工程、市政工程、公共设施、轨道交通、城市综合管廊等配套基础设施项目中全面采用产业化方式建设。

(2)房地产开发项目中推行产业化方式建设。对于房地产开发项目,由三环范围内逐步扩大到除新民市、辽中县、康平县、法库县以外的全域,预制装配化率按计划达到30%以上。

8. 海南省

新建住宅项目中,成品住房供应比例应达到25%。海南省政府出台的《关于印发海南省促进建筑产业现代化发展指导意见的通知》要求,到2020年,海南全省采用建筑产业现代化方式建造的新建建筑面积占同期新开工建筑面积的比例要达到10%,新开工单体建筑预制率不低于20%,新建住宅项目中成品住房供应比例应达到25%以上。

上述通知要求在"十三五"期间,海南省要建成1~2家国家建筑产业现代化基地,海口市和三亚市要争取创建国家建筑产业现代化试点城市。

9. 陕西省

(1)开展建筑产业现代化综合试点工作。2016年9月,陕西省住房和城乡建设厅发文,将西安市列为陕西省建筑产业现代化综合试点示范城市。届时实施期满,省住房和城乡建设厅、省工业和信息化厅、省财政厅将对创建目标和任务、政策制度建设等进行核查验收。

(2)加快推进钢结构生产与应用。通过院校、设计单位、钢铁企业和施工企业的长期研究和实践积累,陕西省发展钢结构其势已成、其势已到,无论是技术能力和设计能力,还是生产能力、制造能力和施工能力都已非常成熟。陕西省以问题为导向,积极学习借鉴先进省市经验,进一步完善规范标准,出台了《陕西省促进绿色建材生产和应用实施方案》等政策措施,推动陕西省钢结构大力发展。

10. 山东省

(1)积极推动建筑产业现代化。山东省研究编制并推广应用全省统一的设计标准和建筑标准图集,推动建筑产品订单化、批量化和产业化。积极推进装配式建筑和装饰产品工厂化生产,建立适应工业化生产的标准体系。大力推广住宅精装修,推进土建装修一体化,推广精装房和装修工程菜单式服务,2017年设区城市新建高层住宅实行全装修,2018年新建高层、小高层住宅淘汰毛坯房。

(2)到2020年设区城市和县级市装配式建筑占新建建筑的比例分别达到30%和15%。《山东省绿色建筑与建筑节能发展"十三五"规划(2016—2020年)》明确要强力推进装配式建筑发展,大力发展装配式混凝土建筑和钢结构建筑,积极倡导发展现代木结构建筑,到规划期末,设区城市和县级市装配式建筑占新建建筑的比例分别达到30%和15%。

(3)青岛市积极推进建筑产业化发展。对于装配式钢筋混凝土结构、钢结构与轻钢结构、模块化房屋3类装配式建筑结构体系,棚户区改造、工务工程等政府投资项目,要进行先行先试,按装配式建筑设计、建造,并逐步提高建筑产业化应用比例;同时,"争取每个区市先开工一个建筑产业化项目,并将其作为试点示范工程。"青岛市城乡建设委相关负责人介绍。

(4)设立建筑节能与绿色建筑发展专项基金。建筑产业现代化试点城市奖励资金基准为500万元。装配式建筑示范奖励基准为100元/平方米,根据技术水平、工业化建筑评价结果等因素,相应核定奖励金额。"百年建筑"示范奖励标准为100元/平方米。装配式建筑和"百年建筑"示范单一项目奖励资金最高不超过500万元。其中,示范方案批复后拨付50%,通过验收后再拨付50%,资金主要用于弥补装配式建筑增量成本。

11. 甘肃省

(1)全力推进建筑钢结构发展应用:甘肃省住房与城乡建设厅印发了《关于推进建筑钢结构发展与应用的指导意见》,多举措推广钢结构发展与应用,支持在部分有条件的地区开展钢结构住宅试点工作,鼓励房地产开发企业开发建设钢结构住宅,在农村危房改造中应用钢结构抗震农宅。

(2)装配式建筑与新型建材融合发展的试点示范工作。把装配式建筑发展同提升新区建设的层次和水平紧密结合;把建筑与建材的融合发展同打造新型建材产业基地紧密结合,坚持以市场为导向、企业为主体、科研为支撑、联盟为平台,统揽建筑建材业,打造建筑建材产业链。在试点中要坚持融合发展理念、创新发展理念、质量优先理念、低成本核算理念、做专做精理念、互为市场理念。在新区管理委员会的统一领导下,通过开展试点示范工作,为甘肃省提供装配式建筑与新型建材融合发展的成功经验。

12. 天津市

保障性住房全部采用装配式。天津住宅集团作为第一批国家住宅产业化基地,2015年建成的天津市规模最大的保障房项目"双青新家园",其中4个小区54栋保障性住房共计47万平方米采用预制装配式方法施工,最高可实现80%的预制装配率,达到国内领先水平。天津住宅集团总经理康庄说:"采用新型工业化全产业链建造的预制装配式住宅,综合成本有望将比传统工艺降低30%。"

13. 山西省

(1)装配式建筑占新建建筑比例达15%。山西省住房和城乡建设厅发布的《山西省住房和城乡建设事业"十三五"规划》指出,要健全符合省情的城镇住房保障体系,发展建筑业,提升建筑节能水平。到2020年,城镇绿色建筑占新建建筑的比例达50%,绿色建材推广比例达40%。

(2)大力发展钢结构装配式绿色建筑集成产业:积极推动山西产业结构调整和企业转型升级,提升山西省工业化绿色建筑和住宅产业现代化及钢结构装配式建筑的技术水平。

# 本章小结

欧洲是装配式建筑的发源地。欧洲国家对于装配式建筑的认识起步较早,通过不断的科学发展和技术创新,在设计技术及施工方法上也有了较为完善的思路,积累了较多的经验,并编制了一系列装配式建筑的工程标准和应用手册,其对装配式建筑业的发展具有重要的推动作用,也为我国装配式住宅的发展提供了借鉴。在我国,从20世纪50年代开始,人们逐渐认识和了解了装配式建筑,到60年代初开始初步研究装配式建筑的施工方法,并形成了一种新兴的建筑体系。基于科学技术的不断发展,20世纪80年代,我国装配式建筑业的发展可谓达到鼎盛。到90年代,装配式建筑大面积普及。装配式建筑的应用在我国走过了几十年的历史,目前在政策的支持下呈现快速发展的局面,迎来了发展的黄金时期。在新时期,需要我们不断探索,刻苦创新,需要各界从业人员的协作努力,构建起装配式住宅产业链体系,打造适宜中国国情的产业化建造模式。

复 习 思 考 题

1. 你认为美国装配式建筑业的发展对我国装配式建筑的发展有什么启示?

2. 我国装配式建筑发展经历了哪几个阶段?

3. 从各地出台的装配式建筑政策可以看出装配式建筑的发展趋势如何?

# 第三章　装配式建筑的分类

◎学习目标

通过本章学习,了解装配式建筑按照建筑结构体系的分类,掌握各建筑结构体系的特性;了解装配式建筑按照构件材料的分类,掌握各装配式建筑结构类型的特性。

建筑是人们对一个特定空间的需求,按照用途不同分为民用建筑(居住建筑、公共建筑)、工业建筑和农业建筑等;按照建筑高度可分为低层、多层、高层和超高层建筑。装配式建筑的建造过程为先由工厂生产所需要的建筑构件,再进行组装完成整个建筑。它一般按建筑的结构体系和构件的材料来分类。

## 第一节　建筑结构体系分类

装配式建筑按建筑结构体系可分为砌体建筑、板材建筑、盒式建筑、骨架板材建筑及升板和升层建筑。

### 一、砌体建筑

砌体建筑是用预制的块状材料砌成墙体的装配式建筑,适于建造3~5层建筑,如提高砌块强度或增加配置钢筋,还可适当增加层数。砌块建筑适应性强,生产工艺简单,施工简便,造价较低,还可利用地方材料和工业废料。建筑砌块有小型、中型、大型之分:小型砌块适于人工搬运和砌筑,工业化程度较低,灵活方便,使用较广;中型砌块可用小型机械吊装,可节省砌筑劳动力;大型砌块现已被预制大型板材所代替。

砌块有实心和空心两类,如图3.1所示,实心的较多采用轻质材料制成。砌块的接缝是保证砌体强度的重要环节,一般采用水泥砂浆砌筑,小型砌块还可用于干砌法而不用砂浆砌筑,这样可减少施工中的湿作业。有的砌块表面经过处理,可做清水墙。

（a）实心砌块 　　　　　　　　　　　　　　（b）空心砌块

（c）中型砌块 　　　　　　　　　　　　　　（d）砌块砌筑的墙面

图3.1 砌体建筑

（图片源自 http://www.sxwtgg.com/news_haha_120989.html）

## 二、板材建筑

板材建筑由工厂预制生产的大型内外墙板、楼板和屋面板等板材装配而成,又称大板建筑,如图3.2所示。它是工业化体系建筑中全装配式建筑的主要类型。板材建筑可以减轻结构质量,提高劳动生产率,扩大建筑的使用面积和增强建筑的防震能力。板材建筑的内墙板多为钢筋混凝土的实心板或空心板;外墙板多为带有保温层的钢筋混凝土复合板,也可用轻骨料混凝土、泡沫混凝土或大孔混凝土等制成带有外饰面的墙板。建筑内的设备常采用集中的室内管道配件或盒式卫生间等,以提高装配化的程度。板材建筑的关键问题是节点设计。因此,在结构上应保证构件连接的整体性(板材之间的连接方法主要有焊接、螺栓连接和后浇混凝土整体连接),在防水构造上要妥善解决外墙板接缝的防水问题,以及楼缝、角部的热工处理等问题。板材建筑的主要缺点是对建筑物造型和布局有较大的制约性,小开间横向承重的大板建筑内部分隔缺少灵活性(纵墙式、内柱式和大跨度楼板式的内部可灵活分隔)。

(a)内墙板

(b)夹芯保温外墙板

(c)带有外饰面的外墙板

(d)吊装墙板

**图 3.2 板材建筑**

(图片源自 https://www.meipian.cn/4zj4hhr)

## 三、盒式建筑

盒式建筑也称集装箱式建筑,是在板材建筑的基础上发展起来的一种装配式建筑。这种建筑工厂化的程度很高,现场安装快。针对盒式建筑,一般在工厂不但完成盒子的结构生产部分,而且内部装修和设备也都安装好,甚至可以连家具、地毯等一概安装齐全,如图3.3所示。盒子建筑吊装完成、接好管线后即可使用。盒式建筑的装配形式有

(1)全盒式,完全由承重盒子重叠组成建筑。

(2)板材盒式,将小开间的厨房、卫生间或楼梯间等做成承重盒子,再与墙板和楼板等组成建筑。

(3)核心体盒式,以承重的卫生间盒子作为核心体,四周再用楼板、墙板或骨架组成

建筑。

(4)骨架盒式,用轻质材料制成的许多住宅单元或单间式盒子,支承在承重骨架上形成建筑;也有用轻质材料制成包括设备和管道的卫生间盒子,安置在其他结构形式的建筑内。

盒式建筑工业化程度较高,但投资大,运输不便,且需用重型吊装设备,因此发展受到限制。

(a)全盒式 　　　　　(b)骨架盒式

**图3.3　盒式建筑**

(图片源自:https://sh.house.ifeng.com/pic/2016_01_16-38871447_0.shtml#p=10;http://www.360doc.cn/article/11881236_519094907.html)

## 四、骨架板材建筑

骨架板材建筑由预制的骨架和板材组成,其承重结构一般有两种形式:一种是由柱、梁组成承重框架,再搁置楼板和非承重的内外墙板的框架结构体系;另一种是由柱子和楼板组成承重的板柱结构体系,内外墙板是非承重的。承重骨架一般多为重型的钢筋混凝土框架结构,也有采用钢和木做成骨架和板材组合,常用于轻型装配式建筑中。骨架板材建筑结构合理,可以减轻建筑物的自重,且内部分隔灵活,适用于多层和高层的建筑。

钢筋混凝土框架结构体系的骨架板材建筑有全装配式、预制和现浇相结合的装配整体式两种。保证骨架板材建筑的结构具有足够的刚度和整体性的关键是构件连接。柱与基础、柱与梁、梁与梁、梁与板等的节点连接,应根据结构的需要和施工条件,通过计算进行设计和选择。节点连接的方法,常见的有榫接法、焊接法、牛腿搁置法和留筋现浇成整体的叠合法等。

板柱结构体系的骨架板材建筑是方形或接近方形的预制楼板同预制柱子组合的结构系统,楼板多数为四角支在柱子上,也有在楼板接缝处留槽,从柱子预留孔中穿钢筋,张拉后灌混凝土。

## 五、升板和升层建筑

升板和升层建筑的结构体系是由板与柱联合承重的。这种建筑是在底层混凝土地面上重复浇筑各层楼板和屋面板,竖立预制钢筋混凝土柱子,以柱为导杆,用放在柱子上的油压千斤顶把楼板和屋面板提升到设计高度,加以固定。外墙可用砖墙、砌块墙、预制外墙板、轻质组合墙板或幕墙等;也可以在提升楼板时提升滑动模板、浇筑外墙,如图3.4所示。升板建筑施工时大量操作在地面进行,减少了高空作业和垂直运输,节约了模板和脚手架,并可减少施工现场面积;多采用无梁楼板或双向密肋楼板,楼板同柱子连接节点常采用后浇柱帽或采用承重销、剪力块等无柱帽节点。升板建筑一般柱距较大,楼板承载力也较强,多用作商场、仓库、工厂和多层车库等。

升层建筑是在升板建筑每层的楼板还在地面时先安装好内外预制墙体后一起提升的建筑。升层建筑可以加快施工速度,比较适用于场地受限制的地方。

图3.4　升板建筑

(图片源自 https://m.baidu.com/tc? from=bd_graph_mm_tc&srd=1&dict=20&src=http%3A%2F%2Fwww.build.com.cn%2FItem%2F10380.aspx&sec=1558334638&di=f088c96100ec234a)

# 第二节　构件材料分类

由于建筑构件的材料不同,集成化生产的工厂及工厂的生产线的生产方式也不同,由不同材料的构件组装而成的建筑也会不同。因此,可以按建筑构件的材料来对装配式建筑进行分类。由于建筑结构对材料的要求较高,按建筑构件的材料来对装配式建筑进行分类也就是按结构分类。

## 一、预制混凝土结构(PC结构)

PC结构是预制钢筋混凝土结构的总称,通常把钢筋混凝土预制构件通称为PC构件。按结构承重方式又分为剪力墙结构和框架结构。

### (一)剪力墙结构

PC结构的剪力墙结构实际上是板构件,作为承重结构的是剪力墙墙板,作为受弯构件的就是楼板。现在装配式建筑的构件生产厂的生产线多数是板构件生产,装配施工时以吊装为主,吊装后再处理构件之间的连接构造问题。

### (二)框架结构

PC结构的框架结构是把柱、梁、板构件分开生产,当然用更换模具的方式可以在一条生产线上生产,生产的是单独的柱、梁、板和楼梯等构件,如图3.5所示。施工时进行构件的吊装施工,吊装后再处理构件之间的连接构造问题,如图3.6所示。针对与框架结构有关的墙体,可以由另外的生产线生产框架结构的专用墙板(可以是轻质、保温、环保的绿色板材),框架吊装完成后再组装墙板。

(a)预制混凝土墙　　　　　　　　　　　　(b)预制混凝土柱

（c）预制混凝土楼梯

**图3.5 预制混凝土构件**

（图片源自 http://www.sd-zhongyu.com/cshijian/73/）

**图3.6 预制混凝土构件拼接**

（图片源自 http://www.precast.com.cn/index.php/news_detail-id-6166.html）

## 二、预制钢结构（PS结构）

预制钢结构又称 PS 结构，其采用钢材作为构件的主要材料，外加楼板和墙板及楼梯组装成建筑。预制钢结构建筑又分为全钢（型钢）结构建筑和轻钢结构建筑。全钢结构的承重采用型钢，其可以有较大的承载力，可以装配高层建筑。轻钢结构以薄壁钢材作为构件的主要材料，内嵌轻质墙板，一般装配于多层建筑或小型别墅建筑。

### （一）全钢（型钢）结构

全钢（型钢）结构的截面一般较大，可以有较大的承载力，截面可为工字形、L形或 T形。根据结构设计的要求，在特有的生产线上生产，包括柱、梁和楼梯等构件，生产好的构件再运到施工工地进行装配。装配时构件的连接可以是锚固（加腹板和螺栓），也可以采用焊接。

### (二)轻钢结构

轻钢结构一般采用截面较小的轻质槽钢,槽的宽度由结构设计确定。轻质槽钢截面小,壁一般较薄,在槽内装配轻质板材作为轻钢结构的整体板材,施工时进行整体装配。由于轻质槽钢截面小而承载力小,一般用来装配多层建筑或别墅建筑,如图3.7、图3.8所示。由于轻钢结构施工时采用螺栓连接,施工快,工期短,还便于拆卸,加上装饰工程造价一般为1500~2000元/平方米,目前市场前景较好。

(a)轻钢结构别墅

(b)型钢结构

**图3.7 预制钢结构的拼装**

(图片源自 http://www.xj218.net/case.asp?id=37;http://www.sohu.com/a/216991921_717958)

**图3.8　钢结构建筑**

（图片源自 http://www.bluesea99.com.cn/index.php？lang=cn&met_mobileok=1）

## 三、木结构

木结构装配式建筑所需的柱、梁、板、墙、楼梯构件都用木材制造，然后进行装配。木结构装配式建筑具有良好的抗震性能、环保性能，很受使用者的欢迎。对于木材很丰富的国家，例如德国、俄罗斯等建造了大量的木结构装配式建筑，如图3.9所示。

**图3.9　木结构建筑现场木结构建筑**

（图片源自 http://www.fulinshiye.com/？semk=83686689396&cy=21628316792&keyword=%C4%BE%BD%E1%B9%B9%C9%8C%BC%C6&placement=&adsem=14841）

## 四、预制集装箱式结构

预制集装箱式结构的材料主要是混凝土，一般是按建筑的需求，用混凝土做成建筑的部件(按房间类型,例如,客厅、卧室、卫生间、厨房、书房、阳台等)。一个部件就是一个房间,整体相当于一个集成的箱体(类似集装箱),最后进行吊装组合就可以了,如图3.10所示。当然材料不仅仅限于混凝土,例如,日本早期装配式建筑集装箱结构用的是高强度塑料,这种高强度塑料可以做枪刺(刺刀),但防火性能差。

(a)集装箱式建筑吊装　　　　　　　　(b)加拿大"Habitat 67"建筑

图3.10　预制集装箱式结构

(图片源自 https://baike.baidu.com/item/Habitat%2067/5398643? fr=aladdin)

装配式建筑按构件材料的不同进行的分类如图3.11所示。

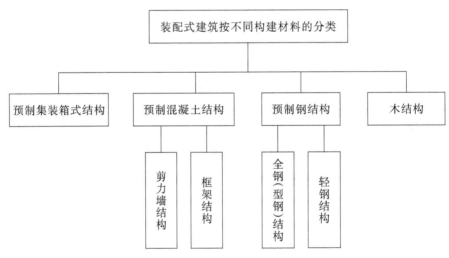

图3.11　装配式建筑结构(材料)分类

# 第三节　结构技术体系分类

装配式混凝土结构技术体系从结构形式角度，主要可以分为剪力墙结构体系、框架结构体系、框架—剪力墙结构体系等。

按照结构中预制混凝土的应用部位装配式混凝土结构可分为3种类型：①竖向承重构件采用现浇结构，外围护墙、内隔墙、楼板、楼梯等采用预制构件；②部分竖向承重结构构件及外围护墙、内隔墙、楼板、楼梯等采用预制构件；③全部竖向承重结构、水平构件和非结构构件均采用预制构件。以上3种装配式混凝土建筑结构的预制率由低到高，施工安装的难度也逐渐增加，是循序渐进的发展过程。目前这3种方式均有应用。其中，第一种从结构设计、受力和施工的角度，与现浇结构更接近。

按照结构中主要预制承重构件连接方式的整体性能，装配式混凝土结构可区分为装配整体式混凝土结构和全装配式混凝土结构。前者以钢筋和后浇混凝土为连接方式，性能等同或者接近于现浇结构，参照现浇结构进行设计；后者预制构件间可采用干式连接方法，安装简单方便，但设计方法与通常的现浇混凝土结构有较大区别，研究工作尚不充分。

## 一、装配式剪力墙结构体系

装配式剪力墙结构适用于较高的建筑，全国有大批高层住宅项目采用该结构，这些项目主要位于北京、上海、深圳、合肥、沈阳、哈尔滨、济南、长沙、南通等城市。装配式混凝土结构建筑典型项目主要有：远大住工株洲云龙项目（如图3.12所示），远大住工开发的西雅韵、洋湖蓝天项目（如图3.13所示），万科与远大住工合作的万科魅力之城项目（如图3.14所示）。

**图3.12　远大住工株洲云龙项目**

（图片源自 https://wenku.baidu.com/view/6ab13ee225c52cc58ad6be5d.html）

**图3.13　远大住工开发的西雅韵、洋湖蓝天项目**

（图片源自 http://cs.leju.com/scan/ydzg1120/? wt_source=xwzt_rdzt_02）

**图3.14　万科与远大住工合作的万科魅力之城项目**

（图片源自 http://blog.sina.com.cn/s/blog_c10348f90102x57c.html）

　　按照主要受力构件的预制及连接方式,国内的装配式剪力墙结构可以分为装配整体式剪力墙结构、叠合板剪力墙结构和低层、多层剪力墙结构。装配整体式剪力墙结构适用于高层建筑;叠合板剪力墙目前主要应用于多层建筑或者地震烈度较低区域的高层建筑中;多层剪力墙结构目前应用较少,但基于其高效、简便的特点,在新型城镇化的推进过程中前景最广。此外,还有一种应用较多的剪力墙结构建筑形式,即结构主体采用现浇剪力墙结构,外墙、楼梯、楼板、隔墙等采用预制构件。这种方式在我国南方部分省区市应用较多,结构设计方法与现浇结构基本相同,但装配率、工业化程度较低。

### (一)装配整体式剪力墙结构体系

装配整体式剪力墙结构中,全部或者部分剪力墙(一般多为外墙)采用预制构件,装配整体式剪力墙结构体系构件之间的拼缝采用湿式连接,结构性能和现浇结构基本一致,主要按照现浇结构的设计方法进行设计。结构一般采用预制叠合板,预制楼梯,各层楼面和屋面设置水平现浇带或者圈梁。由于预制墙中竖向接缝对剪力墙刚度有一定影响,安全起见,适用高度较现浇结构有所降低。在8度及以下抗震设防烈度地区,对比同级别抗震设防烈度的现浇剪力墙结构最大适用高度通常降低10米,当预制剪力墙底部承担总剪力超过80%时,建筑使用高度降低20米。

国内的装配整体式剪力墙结构体系中,关键技术在于剪力墙构件之间的接缝总剪力超过80%时,建筑使用高度降低20米的连接形式。预制墙体竖向接缝基本采用后浇混凝土区段连接,墙板水平钢筋在后浇段内锚固或者搭接。预制剪力墙水平接缝处及竖向钢筋的连接划分为以下几种:

(1)竖向钢筋采用套筒灌浆连接,拼缝采用灌浆料填实。

(2)竖向钢筋采用螺旋箍筋约束浆锚搭接连接,拼缝采用灌浆料填实。

(3)竖向钢筋采用金属波纹管浆锚搭接连接,拼缝采用灌浆料填实。

(4)竖向钢筋采用套筒灌浆连接结合预留后浇区搭接连接。

(5)竖向钢筋的其他方式,包括:竖向钢筋在水平后浇带内采用环套钢筋搭接连接;竖向钢筋采用挤压套筒、锥套锁紧等机械连接方式并预留混凝土后浇段;竖向钢筋采用型钢辅助连接或者预埋件螺栓连接;等等。

以上5种连接方式中的前3种相对成熟,应用较为广泛。其中,钢筋套筒灌浆连接技术等已有相关行业和地方标准,但由于套筒成本相对较高并且对施工要求也较高,对于竖向钢筋通常采用其他等效连接形式;螺旋箍筋约束浆锚搭接和金属波纹管浆锚搭接连接技术是2种目前应用较多的钢筋间搭接连接形式,已有相关地方标准;剪刀墙底部预留后浇区搭接连接剪力墙技术体系尚处于深入研发阶段,该技术由于其剪力墙竖向钢筋采用搭接、套筒灌浆连接技术进行逐根连接,技术简便,成本较低,但增加了模板和后浇混凝土方面的工作量,还要采取措施保证后浇混凝土的质量,且暂未纳入现行行业标准。

**（二）叠合板剪力墙结构体系**

叠合板剪力墙将剪力墙从厚度方向划分为3层,内外两层预制,通过桁架钢筋连接,中间现浇混凝土:墙板竖向分布钢筋和水平分布钢筋通过附加钢筋实现间接搭接。该种做法目前已入安徽省地方标准(《叠合板式混凝土剪力墙结构技术规程 DB34/T810-2008),适用于抗震设防烈度为7度及以下地区和非抗震区,以及房屋高度不超过60米、层数在18层以内的混凝土建筑。

叠合板剪力墙结构技术是典型的引进技术,为了适应我国的要求,尚对其在进行进一步的研发与改良中。抗震区结构设计应注重边缘构件的设计和构造。目前,针对叠合板剪力墙结构,其边缘构件的设计可以适当简化,使传统的叠合板式剪力墙结构在多层建筑中得到广泛应用,并且能够充分体现其工业化程度高、施工便捷、质量好的特点。

**（三）低层、多层剪力墙结构技术体系**

3层及3层以下的建筑结构可采用多样化的全装配式剪力墙结构技术体系,6层及6层以下的丙类建筑可以采用多层装配式剪力墙结构技术体系。随着我国城镇化的稳步推进,多样化的低层、多层装配式剪力墙结构技术体系今后将在我国乡镇及小城镇得到大量应用,因此其具有良好的研发和应用前景。

**（四）内浇外挂剪力墙结构体系**

内浇外挂剪力墙结构体系是现浇剪力墙结构配外挂墙板的技术体系,主体结构为现浇,其适用高度、结构计算和设计构造完全可以遵循与现浇剪力墙相同的原则。该体系的预制率较低,是预制混凝土建筑的初级应用形式。

## 二、装配式框架结构体系

装配式框架结构的适用高度较低,适用于低层、多层建筑,其最大适用高度低于剪力墙结构及框架—剪力墙结构。因此,装配式框架结构在我国较少应用于居住建筑,主要应用于厂房、仓库、商场、停车场、办公楼、教学楼、医务楼、商务楼等建筑。运用这一结构要求具有开敞的大空间和相对灵活的室内布局,同时建筑总高度不高。相反,在日本等国,框架结构则大量应用于包括居住建筑在内的高层、超高层民用建筑。目前,我国已有多个项目应用该结构,典型的有福建建超集团建超服务中心1号楼工程、中国第一汽车集团装配式停车楼、南京万科上坊保障房6-05栋楼等。

装配式框架结构体系主要参考了日本等地区的技术,柱竖向受力钢筋采用套筒灌浆技术进行连接,主要做法分为两种:一是在节点区域预制(或梁柱节点区域和周边部分构件一并预制）。这种做法将框架结构施工中最为复杂的节点部分在工厂进行预制,避免节点区各个方向钢筋交叉避让的问题,但要求预制构件精度较高,且预制构件尺寸比较大,运输比较困难。二是梁、柱分别预制为线性构件,在节点区域现浇。这种做法使预制构件非常规整,但节点区域钢筋相互交叉现象比较严重,这也是该种做法需要考虑的最为关键的环节。考虑到目前我国构件厂和施工单位的工艺水平,2014年住建部发布的《装配式混凝土结构技术规程》JGJ1-2014中推荐了这种做法。

装配式框架结构连接节点单一、简单,结构构件的连接可靠并容易得到保证,方便采用等同现浇的设计概念。框架结构布置灵活,容易满足不同的建筑功能需求,同时当与外墙板、内板及预制板或预叠合楼板结合使用,预制率可以达到很高的水平,有利于建筑工业化发展。

装配式框架结构根据构件形式及连接形式,可大致分为以下几种:

(1)框架柱现浇,梁、楼板、楼梯等采用预制叠合构件或预制构件,是装配式框架结构的初级技术体系;

(2)在上述体系中采用预制框架柱,节点刚性连接,性能接近于现浇架结构。

根据连接形式,可细分为以下几种:

(1)框架梁、柱预制,通过梁柱后浇节点区进行整体连接,是《装配式混凝土结构技术规程》JGJ1-2014中纳入的结构体系。

(2)梁柱节点与构件一同预制,在梁、柱构件上设置后浇段连接。

(3)采用现浇或多段预制混凝土柱,预制预应力混凝土叠合梁、板,通过钢筋混凝土后浇部分将梁、板、柱及节点连成整体的框架结体系。

(4)采用预埋型钢等进行辅助连接的框架体系。通常采用预制框架柱、叠合梁、叠合板或预制楼板,通过梁、柱内预埋型钢螺栓连接或焊接,并结合节点区后浇混凝土,形成整体结构。

(5)框架梁、柱均为预制,采用后张预应力筋自复位连接,或者采用预埋件和螺栓连接等形式,节点性能介于刚性连接和铰连接之间。

(6)装配式框架结构结合应用钢支撑或者消能减震装置。这种体系可提高结构抗震性能,扩大其适用范围。南京万科江宁上坊保障房项目是这种体系的工程实例之一。

(7)各种装配式框架结构的外围护结构通常用预制混凝土外挂墙板,主要采用预制叠合楼板,楼梯为预制楼梯。

## 三、装配式框架—剪力墙结构体系

装配式框架—剪力墙结构体系兼有框架结构和剪力墙结构的特点,体系中剪力墙和框架布置灵活,适用高度较高、跨度较大,可以满足不同建筑功能的要求,可广泛应用于居住建筑、商业建筑、办公建筑、工业厂房等,利于用户个性化室内空间的改造。典型项目有上海城建浦江基地05-02地块保障房项目、龙信集团龙馨家园老年公寓项目、"第二届全运会安保指挥中心"和南科大厦项目等。

在预制框架—现浇剪力墙结构中,预制框架结构部分的技术体系同上文;剪力墙部分为现浇结构,与普通现浇剪力墙结构要求相同。这种体系的优点是适用高度高,抗震性能好,框架部分的装配化程度较高。主要缺点是现场同时存在预制和现浇两种作业方式,施工组织和管理复杂,效率不高。

预制框架—现浇核心筒结构具有很好的抗震性能。当预制框架与现浇核心筒同步施工时,两种工艺施工造成交叉影响,难度较大;筒体结构先施工、框架结构跟进的施工顺序可大大提高施工速度,但这种施工顺序需要研究采用预制框架构件与混凝土筒体结构的连接技术和后浇连接区段的支模、养护等,增加了施工难度,降低了效率。

以上3种主要的结构体系都是基于基本等同现浇混凝土结构的设计概念,其设计方法和现浇混凝土结构基本相同。

# 本章小结

装配式建筑在20世纪初就开始引起人们的兴趣,到20世纪60年代终于实现。英、法、苏联等国首先做了尝试。由于装配式建筑的建造速度快,生产成本较低,迅速在世界各地推广开来。早期的装配式建筑外形比较呆板,千篇一律。后来人们在设计上做了改进,增加了灵活性和多样性,使装配式建筑不仅能够成批建造,而且样式丰富。

复习思考题

1. 装配式建筑按照建筑结构分为哪几类,各自有什么特性?
2. 装配式建筑按照结构材料分为哪几类,各自有什么特性?
3. 请列举生活中见到的装配式建筑结构体系,并分析其属于哪一种类型。

# 第四章　装配式建筑的全生命周期管理

◎学习目标

熟悉装配式建筑全生命周期的6个阶段,掌握装配式构件生产阶段各生产线及其适用性,掌握预制叠合板、墙板的安装要点,了解装配式建筑的运维。

建筑工程全生命周期是以建筑工程的规划、设计、建设、运营维护、拆除和生态复原——一个工程"从生到死"的过程为对象,即从建筑工程或工程系统的萌芽到拆除、处理、再利用及生态复原的整个过程。装配式建筑工程全生命周期主要包括6个阶段:前期策划阶段、设计阶段、工厂生产阶段、构件的储放和运输阶段、安装阶段、运营维护阶段等。

## 第一节　前期策划阶段

在前期策划阶段,要从总体上考虑问题,提出总目标、总功能要求。这个阶段从工程构思到批准立项为止,其工作内容包括:工作构思、目标设计、可行性研究和工程立项。

## 第二节　设计阶段

在对预制装配式住宅进行设计的时候,需要依据BIM技术对实际工程中所需要的各种构件建立信息库,这种做法不仅能够提升构件厂、设计单位及施工企业的可视化协同能力,同时还可以明确设计重点,减少建材的损坏及浪费,同时还可以简化流程,提升生产效率。另外,需要注意的是,在进行设计的时候,还可以对施工环节所需要的劳动力进行有效分析,通过引入物资、劳动力和场地的概念,减少劳务选择风险,最终在保证质量的同时有效缩短工期。

在装配式建筑设计过程中,可将设计工作环节细分为以下6个阶段:技术策划阶段、方案设计阶段、初步设计阶段、施工图设计阶段、构件加工图设计及生产阶段和施工阶段。装配式建筑详细设计流程可参考图4.1,每个阶段的设计要点分述如下:

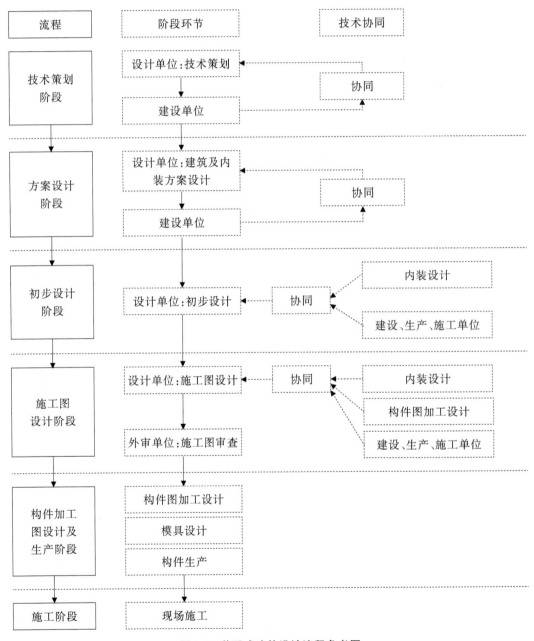

**图4.1 装配式建筑设计流程参考图**

本书在此详细描述其中的4个阶段,即技术策划阶段、初步设计阶段、施工图设计阶段和构件加工图及生产阶段。

技术策划阶段:前期技术策划对装配式建筑的实施起到十分重要的作用,设计单位应在充分了解项目定位、建设规模、产业化目标、成本限额、外部条件等影响因素的情况下,制订合理的技术路线,提高预制构件的标准化程度,并与建设单位共同确定技术实施方案,为后续的设计工作提供设计依据。

初步设计阶段:在此阶段应联合各专业的技术要点进行协同设计,结合规范确定建筑底部现浇加强区的层数,优化预制构件种类,充分考虑设备专业管线预留预埋情况,进行专项的经济性评估,分析影响成本的因素,制订合理的技术措施。

施工图设计阶段:在此阶段,按照初步设计阶段制订的技术措施进行施工图设计。各专业(建筑、结构、水电等)根据预制构件、内装部品、设备设施等生产企业提供的设计参数,在施工图中充分考虑各专业预留预埋要求。建筑设计专业应考虑连接节点处的防水、防火、隔声等设计问题。

构件加工图设计及生产阶段:构件加工图纸可由设计单位与预制构件加工厂配合设计完成,建筑专业可根据需要提供预制构件的尺寸控制图。除对预制构件中的门窗洞口、机电管线精确定位外,还要考虑生产运输和现场安装时的吊钩、临时固定设施安装孔的预留预埋问题。

# 第三节　工厂生产阶段

装配式建筑的主要特点是工厂化。随着国家大力推进装配式建筑,我国通过引进和自主创新建设了多种具有机械化、自动化混凝土预制构件生产线和成套设备的大型混凝土预制构件生产厂,加快了我国建筑工业化和建筑住宅现代产业化的步伐。

## 一、预制混凝土构件工厂化生产线

### (一)平模生产线

生产工位以水平向为主的生产线为平模生产线。平模生产线有国外进口生产线及国内生产线之分。进口生产线自动化程度高,主要表现在模具的程序控制机械手自动出库和自动摆放,稳定和准确的程序也是进口生产线的一大优势,但仍旧需要核实混凝土的配合比、坍落度。对于国内的一些平模生产线,各构件生产企业因实际需要对生产线的工位流程根据我国构件生产尺寸、生产人工等因素做了相应的调整。

目前,国内大部分装配式构件生产厂以平模生产线为主,主要生产钢筋桁架叠合板和内、外墙板。流程及具体操作注意事项如图4.2至图4.15所示(装配式生产工艺流程图片由中天建设集团提供)。

(1)模台、模具清理:将模台、模具表面及安装配件等清理干净,清理时注意不要伤到模具接缝中的填充物。

图4.2 模台、模具清理

(2)粘贴双面胶条:将模具所有钢对钢的可能漏浆的接触面贴上双面胶,双面胶要与模具边缘留有1~2毫米空隙,双面胶条处一旦出现漏浆或损坏必须进行更换,双面胶完成3次生产后必须更换。

图4.3 粘贴双面胶条

（3）涂刷脱模剂：将模具内表面及相应预埋件、配件均匀刷涂水性或油性脱模剂，油性脱模剂用刷子刷上后需用抹布或海绵拖把擦匀（水性脱模剂不能用抹布或海绵拖把擦匀）。

图4.4　涂刷脱模剂

（4）放置钢筋笼：将已经绑扎好的钢筋笼吊运到模具内，并放置垫块，再进行控制保护层厚度、绑扎附加筋和固定立吊的钢筋等工作。

图4.5　放置钢筋笼

（5）拼装模具：将模具拼接固定好，严格控制尺寸，在会漏浆处的螺丝处加橡胶垫片。

图 4.6　拼装模具

（6）安装预埋件：完成所有预埋件的安装固定工作，做好防漏浆措施，预留孔洞埋件（剑鞘）要在放置钢筋笼后就放入（以便在碰到钢筋时可以调整钢筋位置），所有立吊吊点必须插入钢筋。

图 4.7　安装预埋件

（7）浇筑混凝土：大型构件或转角构件混凝土需分两次浇筑，每次浇筑完成后需充分振捣，排出气泡；同时，要控制振捣时间，避免过振。

图4.8 浇筑混凝土

（8）找平抹面：针对构件表面混凝土进行找平抹面，混凝土初凝后进行初次找平，混凝土终凝前再次找平，进行如此精细的找平抹面工作是为了愈合出现的表面裂纹。

图4.9 找平抹面

（9）覆盖养护：构件覆盖蒸汽养护，蒸汽温度不能过高（防止混凝土表面起壳），蒸养时间要控制好（6小时左右）。

图 4.10　覆盖养护

（10）拆除模具：将所有拼装模具的螺丝、定位螺栓和固定预埋件的螺丝松开，严禁暴力拆卸模具。

图 4.11　拆除模具

（11）脱模、转运、存放：拆模后蒸养30分钟再进行构件脱模，将构件吊起至离地面3厘米左右后敲打模具上表面进行脱模（吊出前必须确定所有螺丝和连接件已拆除完毕，构件吊出时的强度应达到要求，慢慢吊出以防止磕碰）。脱模后将构件转运到堆场放置，要整齐排列。

图4.12 脱模、转运、存放

（12）修补打磨：对构件产品进行修补之前需用水湿润破损处，修补砂浆需严格按比例调配；打磨时应使混凝土表面平整。

图4.13 修补打磨

（13）成品保护：要对在堆场的构件进行洒水养护，构件脱模后马上进行覆盖养护。

图4.14　成品保护

（14）运输出厂：通过运输工具（车、船）将构件运输出厂。

图4.15　运输出厂

平模生产最大的优越性在于夹心保温层的施工和水电线管、盒在布设钢筋时一并布设。外墙板夹心保温层的直接预埋，完全省却了外墙外保温和薄抹灰这些既繁重又不安全的体力工作和外脚手架等设施,同时解决了外墙防火隐患;水电线盒在墙板中的预埋,清除了传统做法水电线盒安装必须砸墙、开槽、开洞的弊端,而且极大地减少了建筑垃圾。

成熟的构件生产企业都在生产线的末端增加了露集料粗糙面的冲洗工位。

**(二)预制混凝土构件生产线**

预制混凝土构件生产线主要包括抵抗裂缝能力强的预制混凝土叠合板、带肋混凝土预应力叠合板(截面形式如图4.16所示)生产线,还有生产预制混凝土空心板和双T板(如图4.17所示)生产线。

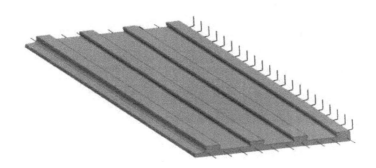

**图4.16 带肋混凝土预应力叠合板**

(图片源自 http://www.prefabricate.cn/fitinfo/184.html)

（a）预制混凝土空心板 （b）预制混凝土双T板

**图4.17 预制混凝土空心板、双T板**

(图片源自 https://www.npicp.com/product/22847556.html)

### (三)立模生产线

立模生产线主要由成组立模和配套设备组成,生产各种以轻质混凝土、纤维混凝土、石膏等为原料,用于室内填充墙、隔断墙的实心和空心的定形墙板,如图4.18所示。目前,我国也存在相当一部分数量的具有成组立模生产线的生产各种定形墙板的专用厂家。

图4.18 立模生产线

(图片源自 https://m.baidu.com/tc? from=bd_graph_mm_tc&srd=1&dict=20&src=http%3A%2F%2Fwww.dfformwork.com%2Fpcqb%2Fhtml%2F%3F242.html&sec=1558342221&di=4325bac5113f5324)

立模生产线和平模生产线相比,具有占用车间面积小、使用模具量少及板的两面都平整的优点。但是,也存在定形墙板无法预埋电气线管、盒的弊端。

## 二、预制混凝土构件模具生产

在预制混凝土构件生产过程中需要根据预制构件的特定尺寸、规格定制混凝土成品模具,例如,固定台模、边模、柱模、梁模、楼梯模等,如图4.19至图4.21所示。

图4.19 固定台模

图 4.20　柱模

图 4.21　楼梯模

# 第四节　构件的储放和运输阶段

## 一、混凝土预制构件的储放

### (一)堆放场地

(1)预制构件的存放场地应为钢筋混凝土地坪,并有排水措施。

(2)预制构件的堆放要符合吊装位置的要求,要事先规划好不同区位的构件的堆放地点。在此过程中,要尽量放置在能吊装的区域内,避免吊车移位,从而造成工期的延误。

(3)堆放构件的场地应保持排水良好,若雨天的积水不能及时排泄,将导致预制构件浸泡在水中,污染预制构件。

(4)堆放构件的场地应平整坚实,地面不能呈现凹凸不平。

(5)规划储存场地时要根据不同预制构件堆垛层数和构件的重量核算地基承载力。

(6)按照文明施工的要求,现场裸露的土体(含脚手架区域)场地需进行场地硬化。

**(二)存放方式**

预制构件存放方式有平放和竖放两种,原则上墙板采用竖放方式,楼面板、屋顶板和柱构件可采用平放或竖放方式,梁构件采用平放方式。

**1. 平放时的注意事项**

(1)在水平地基上并列放置2根木材或钢材制作的垫木,放上构件后可在上面放置同样的垫木,再放置上层构件,一般构件放置不宜超过6层。

(2)上下层垫木必须放置在同一条线上,垫木上下位置之间如果存在错位,构件除了承受垂直荷载,还要承受弯矩和剪力,有可能造成构件损坏。

**2. 竖放时的注意事项**

(1)要将地面压实并浇筑混凝土等,铺设路面要整修为粗糙面,防止脚手架滑动。

(2)使用脚手架搭台存放预制构件时,要固定预制构件两端。

(3)要保持构件的垂直或一定角度,并且使其保持平衡状态。

(4)柱和梁等立体构件要根据各自的形状和配筋选择合适的存放方式。

**(三)存放注意事项**

预制构件存放的注意事项如下:

(1)养护时不要进行急剧干燥,以防止混凝土强度的减弱;

(2)采取保护措施保证构件不会发生变形。

(3)做好成品保护工作,防止构件被污染及外观受损。

(4)成品应按合格、待修和不合格分类堆放,并标识工程名称、构件符号、生产日期、检查合格标志等。

(5)堆放构件时应使构件与地面之间留有空隙,须放置在木头或软性材料上(如塑料垫片),堆放构件的支垫应坚实。堆垛之间宜设置通道。必要时应设置防止构件倾覆的支撑架。

(6)连接止水条、高低口、墙体转角等薄弱部位,应采用定形保护垫块或专用式套件做加强保护。

(7)预制外墙板宜采用插放或靠放,堆放架应有足够的刚度,并应支垫稳固;对采用靠放架立放的构件,宜对称靠放,与地面倾斜角度宜大于80度;宜将相邻堆放架连成整体。

(8)预制构件的堆放应注意将预埋吊件向上,标志向外;垫木或垫块在构件下的位置宜与脱模、吊装时的起吊位置一致。

(9)应根据构件自身荷载、地坪、垫木或垫块的承载能力及堆垛的稳定性确定堆垛层数。

(10)长时间储存时,要对金属配件和钢筋等进行防锈处理。

## 二、混凝土预制构件的装卸运输

### (一)场内驳运

预制构件的场内运输应符合下列规定:

(1)应根据构件尺寸及重量选择运输车辆,装卸及运输过程应考虑车体平衡。

(2)运输过程应采取防止构件移动或倾覆的可靠固定措施。

(3)运输竖向薄壁构件时,宜设置临时支架。

(4)构件边角部及构件与捆绑、支撑接触处,宜采用柔性垫衬加以保护。

(5)对于预制柱、梁、叠合楼板、阳台板、楼梯、空调板等构件宜采用平放运输,预制墙板宜采用竖直立放运输。

(6)现场运输道路应平整,并应满足承载力要求。预制构件场内的竖放驳运与平放驳运,可根据构件形式和运输状况选用。各种构件的运输,可根据运输车辆和构件类型的尺寸,采用合理、最佳组合运输方法,提高运输效率和节约运输成本。

### (二)运输准备

预制混凝土构件如果在存储、运输、吊装等环节发生损坏将会很难补修,既延误工时又造成经济损失。因此,大型预制混凝土构件的存储与物流组织非常重要。构件运输的准备工作主要包括:制订运输方案、设计并制作运输架、验算构件强度、清查构件和查看运输路线。

(1)制订运输方案:此环节需要根据运输构件的实际情况、装卸车现场及运输道路的情况、施工单位或当地的起重机器和运输车辆的供应条件,以及经济效益等因素综合考虑,最终选定运输方法,选择起重机械(装卸构件用)、运输车辆和运输路线。运输线路应按照客户指定的地点及货物的规格和重量制定特定,以确保运输条件与实际情况相符。

(2)设计并制作运输架:根据构件的重量和外形尺寸设计制作运输架,且尽量考虑运输架的通用性。

（3）验算构件强度：对钢筋混凝土屋架和钢筋混凝土柱子等构件，根据运输方案所确定的条件，验算构件在最不利截面处的抗裂度，避免在运输中出现裂缝。如存在出现裂缝的可能，应对构件进行加固处理。

（4）清查构件：清查构件的型号、质量和数量，有无加盖合格印和出厂合格证书等。

（5）察看运输路线：在运输前再次对沿途可能经过的桥梁、桥洞、电缆、车道的承载能力，通行高度、宽度、弯度和坡度，沿途上空有无障碍物等进行实地考察并记载，制订出最佳的路线。这需要对实地现场的考察，如果凭经验和询问很有可能发生意料之外的事情，有时甚至需要交通部门的配合等，因此这点不容忽视。在制订方案时，根据勘察的情况注明需要注意的地方。如不能满足车辆顺利通行，应及时采取措施。此外，应注意沿途如果有横穿铁道，应掌握火车通过道口的时间，以免发生交通事故。

运输路线的选择需要考虑以下几点：

①运输车辆的进入及退出路线。

②运输车辆须停放在指定地点，必须按指定路线行驶。

③运输应根据运输内容确定运输路线，事先得到各有关部门许可。

④运输应遵守有关交通法规及以下内容：

a. 出发前对车辆及箱体进行检查；

b. 驾照、送货单、安全帽的配备符合要求；

c. 严禁超速、避免急刹车。

d. 在工地周边停车必须停放在指定地点。

e. 工地及指定地点内车辆要熄火、刹车、固定以防止溜车。

f. 遵守交通法规及工厂内其他规定。

### （三）运输方式

（1）立式运输方案：在低盘平板车上放置专用运输架，墙板对称靠放或者插放在运输架上。对于内、外墙板和PCF板等竖向构件多采用立式运输方案。

（2）平层叠放运输方式：将预制构件平放在运输车上，往上叠放在一起运输。叠合板、阳台板、楼梯、装饰板等水平构件多采用平层叠放运输方式。

（3）对于一些小型构件和异型构件，多采用散装方式进行运输。

**（四）装卸设备与运输车辆**

**1. 构件装卸设备**

预制构件有大小之分，过大、过宽、过重的构件，可采用多点起吊方式，但存在选用横吊梁可以分解、均衡吊车两点起吊问题。单件构件吊具吊点设置在构件重心位置，可保证吊钩竖直受力和构件平稳。吊具应根据计算选用，取最大单体构件重量，即取最不利状况的荷载取值以便确保预埋件与吊具的安全使用。构件预埋吊点形式多样，有吊钩、吊环、可拆卸埋置式的及型钢等，吊点可按构件具体状况选用。

**2. 构件运输车辆**

重型、中型载货汽车，半挂车载物，高度从地面起不得超过4米，载运集装箱的车辆不得超过4.2米。构件竖放运输时选用低平板车，可使构件上限高度低于限高高度。

为了防止运输时构件发生裂缝、破损和变形等，选择运输车辆和运输台架时要注意以下事项：

（1）选择适合构件运输的运输车辆和运输台架；

（2）装货和卸货时要小心谨慎；

（3）运输台架和车斗之间要放置缓冲材料，长距离运输时，需对构件进行包框处理，防止边角的缺损；

（4）运输过程中为了防止构件发生摇晃或移动，要用钢丝或夹具对构件进行充分固定。

**3. 构件装车方式**

横向装车时，要采取措施防止构件中途散落。竖向装车时，要事先确认所经路径的高度限制，确认不会出现问题。另外，还要采取措施防止运输过程中构件倒塌。具体注意事项如下：

（1）柱构件与储存时相同，采用横向装车方式或竖向装车方式。

（2）梁构件通常采用横向装车方式，还要采取措施防止运输过程中构件散落。要根据构件配筋决定垫木的放置位置，防止构件运在输过程中产生裂缝。

（3）在运输墙和楼面板构件时，一般采用竖向装车方式或横向装车方式。当采用横向装车方式时，要注意垫木的位置，还要采取措施防止构件出现裂缝、破损等现象。

（4）其他构件（楼梯、阳台和各种半预制构件等），因形状和配筋各不相同，所以要分别用不同的装车方式。运输时，要根据构件断面和配筋方式采取不同的措施防止出现裂缝等现象，并考虑搬运到现场之后的施工性能等。

# 第五节 安装阶段[①]

## 一、预制构件吊具的选择

装配式剪力墙由于其特殊性需要大量的吊装工作,吊具在其中扮演着重要的角色。任何吊具在选定前,都需要根据构件的特点,对吊具本身的受力、吊点的受力进行验算分析,以保证构件在吊装过程中不断裂、不弯曲、不发生变形。

### (一)预制叠合板吊具的选择

由于预制叠合板一般厚度较薄,为保证其在吊装过程中不发生断裂,需要提前进行吊点的受力平衡计算,并将吊环提前预埋在叠合板上。通过统计不同叠合板吊点的位置,要选择可调节、刚度好并且能适用于所有叠合板构件的水平吊梁。

### (二)预制墙体吊具的选择

由于墙体吊点的埋设难免出现误差,使用普通吊具容易导致预制墙体在起钩后出现一边高一边低的情况,这就给预埋钢筋插入套筒造成了直接的困难。为此,可在较短绳的一端或两端使用倒链(手动葫芦),这样可以随时调整墙体的平衡。

## 二、预制叠合板安装要点

预制叠合板的安装,要利用独立钢支撑控制安装标高,使用板缝支模保证现浇节点的整体性,在本阶段的预留预埋工作,是预制叠合板安装阶段的研究重点。

### (一)独立钢支撑的布置

顶板支撑体系采用组装方便的独立支撑体系。独立支撑由铝合金工字枋、早拆柱头、独立钢支柱和稳定三脚架组成,施工前应对其的布置进行深化设计,保证在足够承受荷载的前提下节省材料。安装叠合板前要利用独立钢支撑上端的可调节顶托,将铝合金工字枋直接调至板底设计标高位置处。铝合金工字枋的布置应垂直于预制板的桁架。铝梁上皮标高即叠合板的下皮标高,吊装前应仔细抄测;独立钢支撑的间距应根据叠合板的厚度与布置、现浇层的厚度与板缝的宽度等诸多因素进行深化设计,保证各支撑点受力均匀且满足荷载要求。独立钢支撑如图4.22所示。

---

① 引自张硕:《装配式剪力墙安装的要点分析与研究》,《城市建设理论研究》2015年第8期。

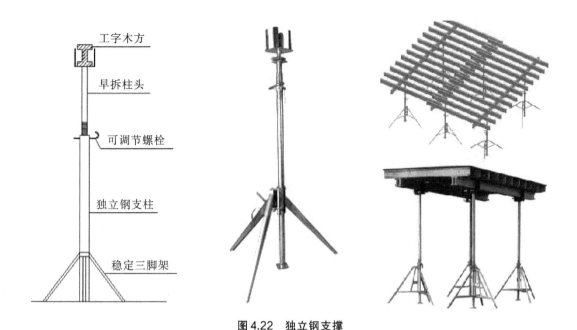

**图 4.22　独立钢支撑**

（图片源自 http://dy.163.com/v2/article/detail/DI0VAQCF0522W3NI.html）

### （二）叠合板间板缝支模

在对叠合板校正完成后，对墙体与顶板的缝隙采取吊帮支模，由水泥钉固定牢固或用支顶方式加固。要保证模板接缝严密，防止漏浆。叠合板的板带接缝部位使用独立钢支撑支设模板。板带部位模板应向内凹入 2～3 毫米，见图 4.23，以保证顶板接缝处的混凝土美观。

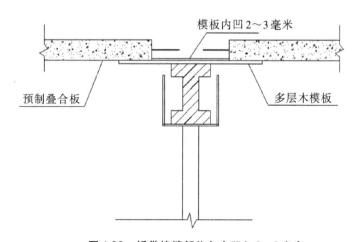

**图 4.23　板带接缝部位向内凹入 2～3 毫米**

（图片源自 http://dy.163.com/v2/article/detail/DI0VAQCF0522W3NI.html）

### （三）叠合板安装过程中的预留、预埋

1. 地脚螺栓预埋

地脚螺栓的作用是固定墙体的斜支撑。在叠合板就位后预埋地脚螺栓，主要是为了避免线管和钢筋遭到破坏。其做法为

（1）预制楼板上放线确定各个地脚位置；

（2）将焊接有螺栓的预埋扁铁就位；

（3）在螺栓外露的部分上采用保护措施，避免在浇筑混凝土时污染螺栓。

2. 利用定位钢板精调纵向钢筋位置

为了确保预制墙板安装快捷、迅速，在顶板混凝土浇筑前，应使用钢筋定位控制钢板调整纵向钢筋的位置。

钢筋定位控制钢板根据墙板灌浆套筒的位置加工，所开孔洞比钢筋直径大2毫米，以确保定位钢筋位置准确；为使混凝土浇筑时方便灌入和振捣，以及电气专业的管线预留，各专业应配合确定定位控制钢板100毫米的灌入振捣口的位置。在浇筑混凝土前将纵向钢筋露出部分包裹胶带，避免浇筑混凝土时污染钢筋接头。

在预制墙板吊装前去除插筋露出部分的保护胶带，并使用钢筋定位控制钢板对插筋位置及垂直度进行再次校核，保证预制墙板吊装一次完成。

## 三、预制墙板安装要点

预制墙板安装期间要重点解决灌浆灰饼的布置、加快墙体吊装速度及连接套筒灌浆等问题。

### （一）灌浆灰饼的布置

预制墙板之间利用纵向钢筋与灌浆套筒连接，吊装之前在预制墙板和现浇墙板之间留置灌浆区。灌浆时，由于需灌浆面积较大，灌浆量较多，灌浆所需操作时间较长，而灌浆料初凝时间较短，无法保证灌浆饱满充实，故需对一个较大的灌浆结构进行人为的分区操作，保证灌浆操作的可行性。

### （二）利用快速定位构件解决吊装速度问题

1. 快速定位构件的设计思路

快速定位构件利用槽钢和钢板焊接而成，吊装时将拧在墙板上两侧斜支撑的螺栓插入快速定位措施件豁口中，墙板缓慢随豁口槽下落就位，就位后确保预留钢筋插入吊装墙板的灌浆套筒中。设计快速定位措施件豁口时，根据墙板斜支撑的螺栓栓杆直径，要

求豁口成 V 形,确保豁口的最下端与螺栓栓杆直径同宽。

2. 优化快速定位构件与墙体斜支撑的联系

墙体斜支撑是用来连接预制墙板和现浇板上的连接件,通过调整斜支撑螺栓,保证墙板的水平垂直度。由于要尽量减少在叠合板安装阶段的地脚螺栓预埋数量,将快速定位构件的螺栓和短杆斜支撑的螺栓合并为一个,在预制墙板初步就位后,利用固定可调节斜支撑螺栓杆进行临时固定,待长杆斜支撑固定完毕后立即将快速定位措施件更换成短杆斜支撑,方便后续墙板精确校正。

3. 预制墙板精调

墙板安装精度利用长短斜支撑调节杆调节,在垂直于墙板方向、平行于墙板方向及墙板水平线位置进行校正调节,调节要求按照预先控制线缓慢调节,具体调节校正措施如下:

(1)平行墙板方向水平位置校正措施:通过在楼板面上弹出墙板控制线进行墙板位置校正,墙板按照位置线就位后,若水平位置有偏差需要调节时,则可利用小型千斤顶在墙板侧面进行微调。

(2)垂直墙板方向水平位置校正措施:利用短斜支撑调节杆进行微调,来控制墙板的水平位置。

(3)墙板垂直度校正措施:待墙板水平就位调节完毕后,利用长斜支撑调节杆,对墙板顶部的垂直度进行微调。如图 4.24 所示。

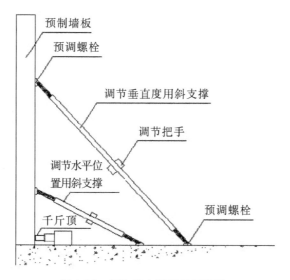

图 4.24　墙体斜支撑调节示意图

(图片源自 https://wenku.baidu.com/view/bddd24c56394dd88d0d233d4b14e852458fb396c.html)

### （三）连接套筒灌浆

连接套筒是利用高标号的灌浆料将上下两层的纵向钢筋连接成整体,从而将整个装配式结构连接成整体的节点。作为竖向构件主要连接节点,连接套筒的灌浆工作无疑是装配式剪力墙结构施工中极其重要的一环。如图4.25所示。

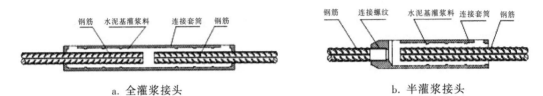

图4.25　连接套筒构造示意图

（图片源自 http://www.sohu.com/a/260289369_99908969）

1. 灌浆料的拌和

（1）灌浆料与水拌和,以重量计,加水量与干料量为标准配比,拌合水应经称量后加入(注:拌合用水采用饮用水,水温控制在20摄氏度以下,尽可能现取现用)。为使灌浆料的拌合比例准确并且在现场施工时能够便捷地进行灌浆操作,现场应使用量筒作为计量容器,根据灌浆料使用说明书加入拌合水。

（2）搅拌机、搅拌桶就位后,将灌浆料倒入搅浆桶内加水搅拌,加水至约80%水量搅拌3～4分钟后,再加所剩的约20%的水,搅拌均匀后静置稍许,排气,然后进行灌浆作业。灌浆料通常可在5～40摄氏度之间使用,初凝时间约为15分钟。为避开夏季一天内的温度过高时间和冬季一天内的温度过低时间,保证灌浆料现场操作时所需流动性,延长灌浆的有效操作时间,夏季灌浆操作时要求灌浆班组在上午10点之前、下午3点之后进行工作,并且保证灌浆料及灌浆器具不受太阳光直射;灌浆操作前,可将与灌浆料接触的构件通过洒水降温,改善构件表面温度过高、构件过于干燥的问题,并保证以最快时间完成灌浆工作;冬季工人进行灌浆料操作时,要求室外温度高于5摄氏度时才可进行。

2. 套筒灌浆的操作

（1）灌浆操作时间:在预制墙板校正后、预制墙板两侧现浇部分合模前进行灌浆操作。

（2）预制墙板就位后经过校正微调方可开始灌浆操作,灌浆时需提前对灌浆面洒水湿润且不得有明显积水。灌浆应分区分段同时从灌浆孔处灌入,待灌浆料从溢流孔中冒出,表示预制墙板底的20毫米灌浆缝已灌满。

（3）预制墙板灌浆套筒灌浆：从灌浆套筒底部PVC灌浆孔依次灌入，待其对应的上部PVC溢流孔冒出灌浆料时表示灌浆筒已灌满，灌满后利用软木塞将灌浆孔和溢流孔封堵严实。

## 四、装配式建筑施工流程

装配式建筑是用预制的构件在工地装配而成的建筑，这种建筑的优点是将构件由工厂加工生产好直接运送至工地进行拼装，建造速度快，受气候条件制约小，节约了劳动力并可提高建筑质量。具体施工流程见图4.26至图4.39。（装配式建筑施工流程图片由中天建设集团提供）

1. 构件运输

根据现场施工进度计划及吊装顺序，将相应构件运输到现场，存放到塔吊起吊区域内，施工现场因运输车辆较多，须做好车辆调度。

图4.26　构件运输

2. 弹线定位

采用内控法与外控法相结合，将内控点引至相应楼层，针对外墙板弹出内壁控制线及端面控制线，针对内墙板弹出两侧控制线及端面控制。

图 4.27　弹线定位

3. 标高测量

使用水准仪通过普通厚度的硬塑垫块对标高进行找平,每个构件的垫块为2组。

图 4.28　标高测量

4. 吊装外墙板

根据构件编号、吊装顺序,将外墙板吊装就位,吊装外墙板时需根据外墙板吊点数量合理选用钢丝绳或者钢梁,保证每个吊点受力均匀。

图 4.29 吊装外墙板

5. 构件垂直度校核

通过斜支撑和靠尺对构件垂直度进行校核,2 个斜支撑需同时转动,且方向一致,直至垂直线与刻度线一致。

图 4.30 构件垂直度校核

**6. 吊装叠合梁**

将叠合梁底标高及梁端控制线弹注在外墙板上,叠合梁就位前先将顶支撑调节至梁底标高,叠合梁就位后用不少于2个的夹具进行临时固定。

图 4.31　吊装叠合梁

**7. 吊装内墙板**

按构件编号及地面控制线对构件进行就位,用斜支撑校核构件垂直度,构件落位时需注意其正反面。

图 4.32　吊装内墙板

8. 剪力墙、柱钢筋绑扎

剪力墙、柱竖向钢筋相邻钢筋搭接接头不得在同一平面,应相互错开,剪力墙、柱的钢筋间距、直径、锚固长度需严格按照设计图纸相关规范要求进行施工。

图4.33 剪力墙、柱钢筋绑扎

9. 现浇部位支模

先将对拉杆对穿,然后将对拉杆进行加固,剪力墙支模与传统支模方法一致。

图4.34 现浇部位支模

10. 搭设叠合板顶支撑

先在墙面上弹好标高控制线,支模架一般采用独立支撑。木工字梁布置方向与叠合板板缝垂直,木工字梁需贯通整个房间。

图4.35 搭设叠合板顶支撑

11. 吊装叠合板

进行叠合板吊装前要先核对叠合板编号及安装方向,起吊时合理选用钢丝绳及吊点数量,确保各吊点受力均匀,叠合板短边支撑与叠合梁搭接长度为15毫米,叠合板与叠合板底部倒角拼缝为20毫米。

图4.36 吊装叠合板

12. 吊装楼梯

吊装楼梯时需计算上下吊点钢丝绳长度。

图 4.37　吊装楼梯

13. 楼面线管预埋、叠合楼板钢筋铺设

根据设计图纸将管线预埋到位,确保叠合楼板钢筋的直径、长度、间距、规格与设计图纸一致,随后先铺设与叠合板桁架方向一致的板面钢筋,再铺设与桁架相垂直的板面钢筋。

图 4.38　楼面线管预埋、叠合楼板钢筋铺设

14. 板面养护

浇筑板面12小时内需浇水养护,浇筑时室外温度不得低于5摄氏度,遇到高温天气还需覆盖薄膜养护。

图 4.39　板面养护

# 第六节　运营维护阶段

通过合理运用BIM及RFID(Radio Frequency Identification,射频识别)技术,对信息管理平台进行合理的搭建,从而完善装配式住宅中预制构件及设备的运营维护系统。比如,在进行资料管理或应急管理的时候,使用BIM技术极为重要。如果发生火灾,相关人员可以利用BIM信息管理系统中的内容准确掌握火灾发生的位置,进而采取有效措施进行灭火。除此之外,在对装配式住宅或其附属设备进行维修的时候,还可以从BIM模型中得到预制构件或其附属设备的相关信息,比如型号、参数等,为接下来的维修工作提供便利。

## 本章小结

装配式建筑与搭积木一样,预制构件梁、板、柱及墙即是一块块积木,只须将它们拼搭一起。装配式建筑将部分构件在工厂预制完成。然后运输到施工现场组装。整个项目的实现与装配式建筑策划、设计、工厂生产、构件储放和运输、安装及运营维护的6个阶段息息相关。所以装配式建筑是"产业化""工业化"的建筑。面对建筑工业化浪潮,涉及的各行的企业,应该快速拓展全产业链视野,树立产业化思维模式,组建专业化设计团队提升创新性研发能力,积淀工业化设计经验,整合上下游技术资源,迎接建筑产业化所带来的挑战,进而推动我国建筑行业在建筑产业化领域健康快速发展。

1. 装配式建筑工程全生命周期主要包括哪几个阶段?

2. 平模生产线和立模生产线各自的优缺点是什么?

3. 如何保证预制墙板安放准确?

# 第五章 装配式建筑案例分析

◎学习目标

了解装配式混凝土、钢结构、木结构等实际建筑案例,熟悉各项目中装配式技术的应用情况,了解装配式建筑与传统建筑在成本和效益上的区别。

打造完善的装配式建筑产业链条,实现装配式建筑的跨越式发展,必须以项目为抓手,扎扎实实将发展目标和发展任务落到实处。通过典型项目突出体现装配式建筑的技术新成果和综合效益,进而引导开发建设单位在设计理念、技术集成、建造方式和管理模式等方面开拓创新,切实推动建筑业转型升级,走出一条依靠科技进步和管理创新的内涵式、集约式发展道路。

## 第一节 预制混凝土案例分析

### 一、中骏·天誉项目2#3#楼住宅项目

**(一)项目概况**

该项目位于上海市普陀区,西面为长征镇规划万泉路,东面为达安·春之声花园,北面紧邻城市主干道新村路,南面为富平路,见图5.1。该项目建筑面积为13 701.6平方米,地下1层,地上17层,其中4到17层为装配式,单体预制率为25.8%,预制外墙面积比58.4%,包含7种构件:叠合剪力墙、外墙板、叠合楼板、阳台、空调板、装饰柱和楼梯。该项目空间布局复杂、结构形式多,吊装难度大。

图5.1　中骏·天誉项目

（图片源自 https://m.fang.com/news/cd/0_13782073.html）

**（二）装配式技术应用情况**

（1）现场结构施工采用预制装配式方法，外墙墙板、叠合楼板、阳台、设备平台、凸窗及楼梯的成品构件，如图5.2所示。

图5.2　相关成品构件

（2）预制装配式构件的产业化。所有预制构件全部在工厂流水加工制作，制作的产品直接用于现场装配，见图5.3。

（a）工厂加工生产

（b）现场进行叠合板施工

（c）吊装作业

**图5.3 构件现场装配**

（3）在设计过程中，运用BIM技术，模拟构件的拼装，减少安装时的冲突，通过BIM所建模型见图5.4。针对局部外墙PC结构采用波纹套筒植筋、高强灌浆施工的新施工工艺，将PC结构与PC结构进行有效连接，增加了PC结构的施工使用率，降低了PCF（预制构件外墙膜，Prefabricated Construction Facade）的施工率，提高了施工效率，如图5.5所示。

**图5.4 3#楼BIM模型**

**图5.5　外墙施工工艺**

（4）采用独立支撑体系叠合楼板,取消传统钢管排架做法,这样既稳定牢固又方便后续的高效拆卸。项目采用的叠合板独立支撑体系见图5.6。

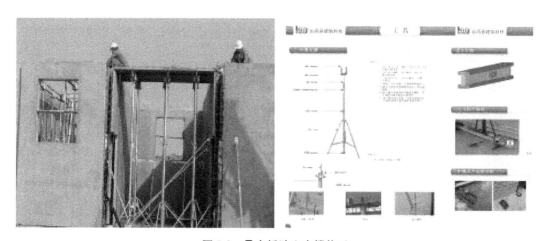

**图5.6　叠合板独立支撑体系**

（5）单户型建筑中大面积使用叠合楼板施工,这进一步提升了建筑工业化施工程度,提高了施工质量、作业效率,见图5.7。

图5.7　叠合板吊装

（图5.2—图5.7源自 http://www.zjzhongtian.com/a/newscenter/imgtext/2015/0624/21355.html）

## 二、上海宝业中心项目

### （一）项目概况

上海宝业中心项目位于上海市闵行区虹桥商务区，是集办公、商务、会议等功能于一体的办公建筑，由A楼、B楼与C楼组成，总建筑面积为26 779.09平方米，总平面布置情况见图5.8。该项目为单体5层办公楼，最高高度为22.80米（如图5.9、图5.10所示）。该项目主体结构采用混凝土框架结构，各子楼之间的连廊采用钢结构体系，外墙采用玻璃纤维增强水泥（GRC），外立面形成整体外围护系统。

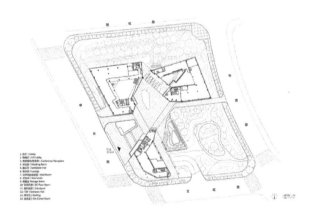

图5.8　项目总平面图

（图片源自 https://www.gooood.cn/water-bridge-shanghai-baoye-center-by-lycs-architecture.htm）

**图 5.9　项目效果图**

（图片源自 http://www.precast.com.cn/index.php/news_detail-id-6436.html）

**图 5.10　项目鸟瞰图**

（图片源自 http://home.ifeng.com/a/20170621/44641380_0.shtml#p=1）

　　该项目将体量错位部分抬高令地面层交通能够内外贯穿,抬高部分形成连桥,将3座5层高的办公楼连接起来,3个核心筒分别跟不同广场相连,将人流、车流分散至不同区域,如图5.11所示。屋顶为绿化空间,立面设计以遮阳屏板做原体,根据自然光对室内的影响对屏板斜度做相对改变,如图5.12所示。

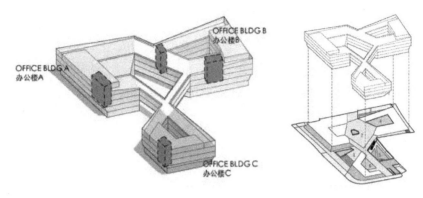

图5.11　连桥设计　　　　　图5.12　庭院绿化设计

（图5.11、图5.12源自 https://www.gooood.cn/water-bridge-shanghai-baoye-center-by-lycs-architecture.htm）

**（二）装配式技术应用情况**

项目以水波为元素进行建筑立面的设计，同时将建筑底层局部架空，以形成桥的空间。为让建筑外立面达到水波凹凸波浪的要求，该项目对外围护造型凹凸深度的要求达到600毫米。GRC墙板是一种新型质轻高强的预制墙板，在满足立面造型效果的同时，通过局部加肋增强技术，可生产大块的GRC墙板，以保证墙板表面特性、强度和质量。

1. GRC墙板设计

该项目所用GRC墙板除需要满足外立面装饰效果，更需赋予多重使用功能，实现GRC墙板的多种可行性。因此，该项目对GRC墙板提出了多方面的功能要求：集立面采光与遮阳于一体，如图5.13所示；门窗一体化；自清洁性；三维可调节连接方式；一次等压腔防水；二次防水、防火、保温构造。在设计GRC墙板时，相关人员还考虑了GRC墙板自重、脱模吸附力、翻板、吊装及运输等环节最不利施工荷载的影响，并考虑到动力系数，以保证该GRC墙板在生产、运输、吊装、安装过程中的安全与稳定，其实物如图5.14所示。

2. GRC墙板生产制作

该项目采用"少规格、多组合"的设计理念设计GRC墙板。多组合，根据该项目建筑外立面特点，结合GRC墙板特点，通过深化设计将该项目用GRC墙板分成854块，共405种规格尺寸，且每种墙板尺寸的内倾角造型不同，以满足光照需求。为形成外立面变化有序的波浪效果，达到外装饰的总体效果，所用固定玻璃窗尺寸多样，共有297种规格。

少规格，指所有GRC墙板都是同一种形状类型，且中间都有固定窗和通风扇。若采用传统生产思路生产GRC墙板，该项目有405种规格尺寸，将需要405套模具，不仅费时费工，还不符合工业化建筑的发展方向。因此，为了保证GRC墙板在工厂的顺利生产，在

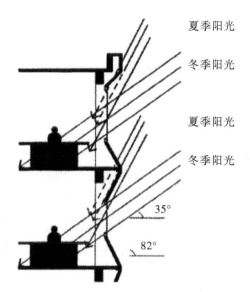

夏季阳光

冬季阳光

夏季阳光

冬季阳光

35°

82°

图5.13　GRC外墙板采光与遮阳设计

图5.14　GRC外墙板实物图

（图5.13、图5.14源自http://www.precast.com.cn/index.php/news_detail-id-6436.html）

模具制备上创新性地采用了CNC（Computer Numerical Control，数控铣削）技术，对基础木模坯进行多次切削，使一套模具可以制作出不同形状的GRC墙板，大大减少了模具种类，提高了生产效率，这在行业中也是首次尝试。

3. 施工技术与工艺

GRC外围护系统采用水平方向进行运输，墙板堆放应按编号顺序先出后进，堆放平稳，不应叠层堆放。该项目的GRC外围护系统是一种集成化程度较深的外装饰墙板系统，由专业化工人进行现场安装，可有效保证安装效率和质量。同时，利用三维可视化模拟技术，对GRC墙板进行模拟施工指导，提前发现问题和指导现场施工。相关人员在现场安装GRC墙板时，应制订专项安装方案，并对所有GRC墙板按安装顺序进行编号，在搬运和吊装过程中应有保护措施，防止板块间的挤压碰撞。因GRC墙板轻质高强，单块板重量远低于同类型的PC混凝土墙板，现场施工时用塔吊即可移动。GRC墙板的放置、运输、吊装等如图5.15至图5.20所示。

4. 信息化技术应用

该项目中管线种类多、数量大、材质各异，其中包含大量的管线交叉作业，通过BIM三维可视化技术，通过碰撞与自动纠错功能，可自动筛选出各专业之间的设计冲突，帮助各专业设计人员及时找出设计中存在的问题并进行改进，这大大减少了后期变更。同时，该项目中的GRC外围护系统是国内首次运用，再加上三维可视化技术进行虚拟施工，为后期工程的实施提供了很大的便利。

图5.15　GRC墙板工厂放置

图5.16　GRC墙板进工地

图5.17　GRC墙板起吊

图5.18　GRC外围护系统吊装

图5.19　GRC墙板安装局部

图5.20　施工现场

（图5.15至图5.20源自http://home.ifeng.com/a/20170621/44641380_0.shtml#p=1）

**（三）绿色建筑技术应用情况**

该项目是美国LEED铂金、绿建三星项目。该项目在设计过程中综合考虑了四节一环保的理念,充分利用自然采光、自然通风,采用建筑自遮阳一体化设计,外立面采用GRC外挂墙板,并且在技术经济性合理的情况下,选取合理的主动式技术,主被动技术相结合,使该项目达到三星级绿色建筑的要求,不仅提高了生态效益,也为用户提供了良好的室内环境。

该项目技术亮点包括:

(1)建筑布局形成良好的区域通风、采光及生态景观。下沉式庭院及内庭院采光天窗有效改善了地下一层的自然采光,采光达标区域面积占总地下功能空间面积的32.14%;场地透水地面面积占室外地面的44.9%,有效减少了场地雨水径流并改善了区域微气候条件。

(2)围护结构综合考虑保温、通风、采光及遮阳;采用参数化设计的GRC外挂墙板,使外墙透明部分南向借用幕墙构件形状形成自遮阳效果,东西向采用可调节遮阳卷帘,有效削减了太阳辐射的热量。

(3)空调冷热源由区域能源中心的三联供系统供给,生活热水由建筑一体化太阳能热水系统及区域能源中心的余热供应;采用节能型照明灯具和设备并按照功率密度目标值进行设计。

(4)在办公层、餐厅等处设置$CO_2$浓度传感器,接入BA系统,实现与相应区域新风机的联动,室内设置PM2.5监测;地下车库设置$CO_2$探头,实现与排风机的联动,确保室内空气品质。

(5)优化品字形建筑平面布局的桩配筋,采用钢结构连廊,地下空间局部侧墙和楼板位置使用叠合板预制构件,从而减少了现场施工的材料浪费及环境污染,使可再循环材料使用率超过10%。

**(四)成本和效益分析**

1. 成本分析

该项目采用的异形GRC外围护系统是国内装配式建筑外墙多样性的一次重大探索,为建筑外立面的多样性提供了新的途径。其总体成本相比其他系统有一定增加,最主要的原因在为追求建筑的外立面效果,采用了较多的模具,造成GRC墙板总体生产成本的上升。

2. 用工、用时分析

高度集成化的GRC外围护系统,将门窗、通风、遮阳等功能集于一体,大大减少了现场工作量,也使工人数量大幅减少。同时,门窗、通风器、遮阳设备等都在工厂安装,现场只是进行组装,施工工期明显缩短。

# 第二节 钢结构案例分析

## 一、北京成寿寺B5地块定向安置房项目

### (一)项目概况

该项目总用地面积为6691.2平方米,拟建4栋9~16层的装配式钢结构住宅,对应总建筑面积为31 685.49平方米,其中地上建筑面积为20 055.49平方米(包含住宅建筑面积18 655.49平方米,配套公建面积1400.00平方米),地下建筑面积为11 630.00平方米,绿地率达30%,容积率为3.0。该项目采用EPC(Engineering Procurement Construction)总承包模式,已于2016年3月开工,于2017年12月竣工,如图5.21所示。

图5.21 安置房效果图

### (二)装配式技术应用情况

1. 建筑专业

以3号楼为例,建筑总高度为49.05米,单体建筑面积为6875平方米,地上16层,地下共3层,首层层高4.5米,其余层高2.9米;根据建筑功能和业主要求,采用钢框架钢板剪力墙结构体系,楼盖采用钢筋桁架楼承板,外墙采用预制混凝土外墙挂板、蒸压加气混凝土条板。

2. 结构专业

钢结构的BIM模型见图5.22,其采用钢框架钢板剪力墙结构形式,标准柱网为6.6米×6.6米,使用400、350方管柱/箱型柱(内灌C40自密实混凝土,H350×150焊制H形钢

梁),抗侧力构件采用阻尼器和钢板剪力墙,梁偏心的布置保证室内无梁无柱,钢柱、钢梁采用栓焊连接。施工现场如图5.23所示。

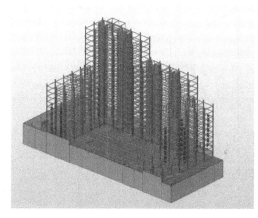

图5.22 钢结构BIM模型

图5.23 施工现场图

(图5.22、图5.23源自 https://www.uibim.com/38779.html)

3. 水暖电专业

装配式建筑的设计应是集主体结构、水暖电专业、装饰装修于一体的装配式设计。该项目采用BIM三维软件将建筑、结构、水暖电、装饰等专业通过信息化技术的应用,实现水暖电与主体装配式结构、装饰装修集成一体化的设计,并预先解决各专业间在设计、生产、装配施工过程中的协同问题。水平、竖直方向的水暖电设计如图5.24、图5.25所示。

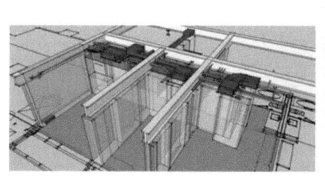

图5.24 水平方向的水暖电设计

(图片源自 http://www.360doc.com/content/17/0326/13/28432241_640269685.shtml)

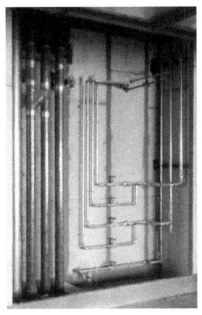

**图 5.25　竖直方向的水暖电设计**

（图 5.24、图 5.25 源自 http://www.360doc.com/content/17/0326/13/28432241_640269685.shtml）

4. 信息化技术应用

（1）工程项目设计阶段：通过与图软公司合作开发的 BIMCloud 云，将三维数字模型传输到建谊集团 ChinaBIM 的系统平台上，各专业的设计人员通过数据无缝的对接、全视角可视化的设计协同完成装配式建筑钢梁、钢柱、墙板、楼板、水暖电、装饰装修的设计，并实时增量传输各自专业的设计信息。

（2）装配式构件生产阶段：将通过 BIM 模型实时获取的构件的尺寸、材料、性能等参数信息，通过建谊 ChinaBIM 平台转换为符合 CNC 的加工数据，并制订相应的构件生产计划，再向施工单位实时传递构件生产的进度信息。

（3）项目施工阶段：通过建谊 ChinaBIMCloud 平台（见图 5.26、图 5.27）对装配式建筑的施工开展全视角和多重进度匹配的虚拟施工，对包含施工现场场平布置、运输车辆往来路线、施工机械、塔吊布置在内的施工全流程进行优化。这样做，既提高了装配式建筑的施工效率，又缩短了整个项目的施工周期。

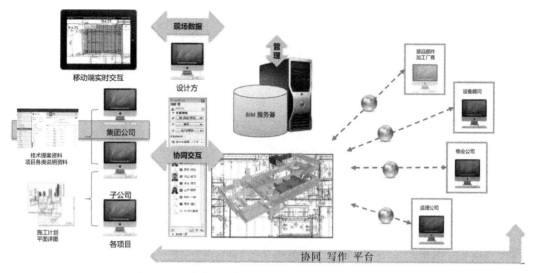

图5.26　建谊与图软合作开发的BIMCloud云(一)

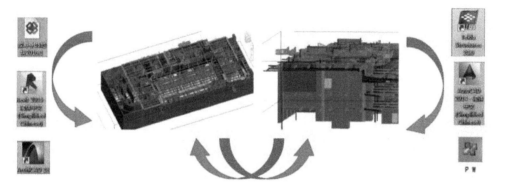

文件格式需转换　　　　　　　　　　　　　　　　　　协同文件需单独查阅

图5.27　建谊与图软合作开发的BIMCloud云(二)

(图5.26、图5.27源自http://www.360doc.com/content/17/0326/13/28432241_640269685.shtml)

### (三)构件生产、安装施工技术应用情况

1. 构件生产

3号楼所用构件主要分为3类:一类是钢梁、钢柱;一类是预制混凝土外墙挂板,蒸压加气混凝土条板;一类是钢筋桁架楼承板。预制混凝土外墙挂板、蒸压加气混凝土条板一般采用自动化流水线生产,以经济批量的形式开展标准化的生产制作。预制混凝土外墙挂板的制作工艺效果如图5.28所示。其主要生产流程环节为

(1)自动清扫机清理台模;

(2)机械支模手自动放线、支模;

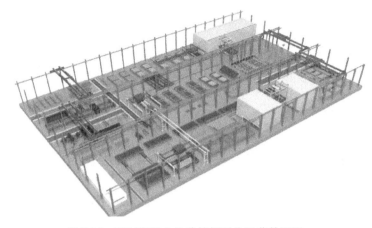

图 5.28 预制混凝土外墙挂板制作工艺效果图

（图片源自 http://www.360doc.com/content/17/0326/13/28432241_640269685.shtml）

（3）喷涂脱模剂；

（4）固定预埋件，如牛腿等；

（5）绑扎纵横向钢筋及格构钢筋；

（6）混凝土分配机浇筑，平台振捣；

（7）养护室养护。

2. 施工安装

施工安装现场，钢梁、钢柱的安装，墙板的吊装、楼板的安装情况如图 5.29 至图 5.32 所示。

图 5.29 施工安装现场

图 5.30 安装钢梁、钢柱

图 5.31 吊装墙板

图 5.32 安装楼板

（图 5.29 至图 5.32 源自 http://www.360doc.com/content/17/0326/13/28432241_640269685.shtml）

## 二、杭州钱江世纪城人才专项用房一期二标段项目

### （一）项目概况

杭州钱江世纪城人才专项用房一期二标段项目位于浙江省杭州市萧山区钱江世纪城，属于保障性住房项目。一期二标段由 5 栋高层组成，总建筑面积 185 516.7 平方米，其中地上部分建筑面积为 118 992.2 平方米，地下部分面积为 67 524.5 平方米。该项目由东南网架施工团队总承包，结构形式为钢框架—支撑体系，已于 2014 年 9 月开工，2017 年 10 月竣工。鸟瞰图及现场图如图 5.33、图 5.34 所示。

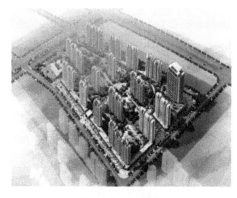

图 5.33 鸟瞰图

图 5.34 现场图

### （二）装配式技术应用情况

1. 建筑专业

以 3 号楼为例，地下 2 层，局部带夹层，地上塔楼建筑层数为 30 层（不含屋面层及机房

层),塔楼带2层裙房,建筑总高度为98.1米,住宅层每层为6套,地上建筑面积为12 492平方米,标准层高为2.9米。该项目设计根据国家标准采用统一模数协调尺寸进行设计,共设计3种户型,其中70平方米系列两种、50平方米系列一种,共1632套。3种户型面积占总建筑面积的比例为100%。

该项目内外墙体均采用纤维水泥板轻质节能复合墙体(见图5.35),墙体以轻钢龙骨为骨架、以纤维水泥板覆面,外墙外侧为高密度板,外墙内侧及内墙面为中密度板。

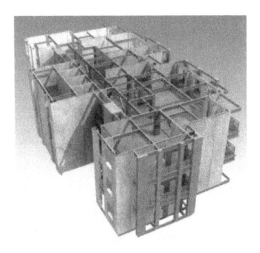

**图5.35  纤维水泥墙体标准层三维轴测图**

(图片源自 http://www.doc88.com/p-5374424872860.html)

2. 结构专业

该项目构件及部品的安装连接施工简便,安全可靠,梁柱节点均采用栓焊结合,墙板等部品与主体连接采用柔性连接件,系统性强,同时经济性能好,如图5.36所示。

(a)钢梁与钢柱连接节点          (b)钢梁与斜撑连接节点

**图5.36  钢梁节点图**

(图5.33至图5.36源自 http://www.doc88.com/p-5374424872860.html)

该项目梁柱构件吊装严格按照专项方案要求,采用分配梁起吊。围护结构采用装配式条板,表面平整,处理无须抹灰,仅刮腻子层即可。外墙采用纤维水泥板结合轻钢龙骨外挂,施工过程无须搭设脚手架,仅采用吊篮即可完成施工,同时,根据进度设置安全防护系统。楼板采用桁架模板,钢筋桁架车间加工成型,现场铺设,施工过程无须搭设模板及支撑架。

3. 一体化装修技术与施工工艺

根据装修一体化设计特点,结合项目实际情况,编制一体化装修施工组织设计方案,实现部品的工厂生产与现场施工工序、部品的生产工艺与施工安装工艺的协调配套。该项目还采用了标准化的整体厨房和集成卫浴,提高了装饰装修质量和改善了居住品质。

4. 全装修技术应用

该项目装修设计与主体结构、机电设备设计紧密结合,并建立了协同工作机制;装修设计采用标准化、模数化设计;各构件、部品与主体结构之间的尺寸匹配,易于装修工程的装配化施工,墙、地面饰面铺装基本保证现场无二次加工。

5. 信息化技术应用

(1)方案设计:在方案设计方面通常采用结构性能分析,采用有限元抗震分析进行建模分析、碰撞检查及方案优化等。

(2)深化设计:通常采用 Tekla Structures 模型进行深化设计,并采用 ERP 管理系统,随项目设计、构件生产及施工建造等环节实现信息共享、有效传递和协同工作,并建立信息模型等。

(3)构件设计:通常采用设计软件,有力学测算软件、深化设计软件、抗震分析软件等进行构件设计,并采用条形码将设计信息传递给后续环节。

6. 预制构件生产制作及质量控制

该项目公司拥有成套构件加工生产线,包括梁、柱、楼板、墙体(联盟企业),以及完善的 ISO 质量管理体系,并通过 AISC 美标质量管理体系认证。同时,针对不同的构件、部品,该公司均有相对应的技术标准、工艺流程和指导书,经过培训并通过考核的专业操作工人能很好地完成构件的加工和制作。

在加工阶段,针对该项目中的所有构件进行编号、设置二维码,内容包含制作日期、合格状态、生产工段及责任人,作为原始数据录入公司 ERP 管理系统的质量可追溯模块。在构件生产过程中,质量自检记录及驻场监理质量验收记录均完整归档保存,和出厂检验报告、进场验收报告一同作为工程验收资料备用。

### (三)成本和效益分析

1. 成本分析

该项目综合造价与上述预制混凝土案例项目的基本持平,随着用工紧张及人工成本上涨,其综合社会经济效益将更加明显。

2. 用工分析

该项目构件采用工厂化生产,减少了现场作业量。相比传统的钢筋混凝土项目,单幢峰值建筑工人有100人,而钢结构仅需30人左右即可,人工用量减少约70%。

3. 用时分析

该项目采用钢结构建造,大幅缩短了建设周期,较传统钢筋混凝土结构建筑的建造工期缩短了27.34%,施工速度的比较情况如表5.1所示。

表5.1　施工速度比较

| 结构体系 | 钢结构 | 钢筋混凝土结构 |
|---|---|---|
| 有效施工周期(日) | 930 | 1280 |
| 相对提前工期(%) | 27.34 | 0 |

4. 四节一环保分析

以3号楼(裙房以上标准层)为例,就钢结构方案与混凝土方案进行节能减排、资源节约的比较分析,结果显示:钢结构方案节约了22.50%的钢材,降低了63.39%的施工用水量、30.64%的施工用电量、88.89%的木材消耗量、33.38%的水泥用量,减少了至少50%的施工垃圾和二次装修垃圾,墙体中工业废弃物利用率达70%以上,降低了37.38%的能耗,减少了31.92%的$CO_2$排放量,各方案消耗情况如表5.2所示。

表5.2　各方案消耗情况[①]

| 项目 | 3号楼钢结构方案 | 3号楼混凝土方案 | 较混凝土方案节省的百分率(%) |
|---|---|---|---|
| 单位面积能耗(MJ/m²) | 2051.89 | 3276.6 | 37.38 |
| 单位面积$CO_2$排放量(t/m²) | 0.2237 | 0.3286 | 31.92 |

---

① 其他节约项目因具体数据无,因此不在表中列出。

| 项目 | 3号楼钢结构方案 | 3号楼混凝土方案 | 较混凝土方案节省的百分率(%) |
| --- | --- | --- | --- |
| 施工用水(吨) | 9123 | 24921 | 63.39 |
| 施工用电(度) | 536516 | 773578 | 30.64 |
| 木材消耗(吨) | 33.9 | 305 | 88.89 |

# 第三节 木结构案例分析

## 一、贵州省黔东南州榕江县游泳馆项目

### (一)项目概况

该项目位于贵州省黔东南州榕江县,设计时以木结构元素为主,将黔东南地区民族特色建筑——"鼓楼""风雨桥""吊脚楼"等融为一体,项目效果图及现场施工图如图5.37、图5.38所示。项目总建筑面积为11 455平方米,地下1层,地上2层,建筑高度为20.05米。建筑地下室及1层采用混凝土框架体系,2层采用木结构体系。该项目木结构屋架梁、柱均采用工厂生产、现场装配的方式,提高了施工效率,减少了施工污染。游泳馆中部花桥和鼓楼采用传统木结构,充分体现了民族特色和地域特点。泳池上部屋盖采用张弦木拱体系,跨度为50.4米,为国内跨度第一和面积第一的现代木结构屋盖。该项目于2015年11月开工,已于2016年7月竣工。

图5.37 项目效果图

图5.38 项目现场施工图

(图5.37、图5.38源自 http://blog.sina.com.cn/s/blog_462c63480102wgqp.html)

**(二)装配式建筑技术应用情况**

1. 标准化设计

泳池上部屋盖采用张弦木拱体系,如图5.39所示,跨度为50.4米,共16跨,每跨所采用的构件尺寸,除山墙外,基本一致,符合标准化模数设计要求。该项目连接节点单一,规格少,针对不同类型构件的受力特点,对节点进行分类设计,形成不同类型的参数化通用节点,如装配式植筋节点、挂式螺栓/销栓节点等,有效地提高了装配速度。另外,对于不同尺寸的木构件,根据木构件截面强度、挠度双项控制的原则,设计出标准化的节点。

**图5.39 张弦木拱体系**

(图片源自 http://blog.sina.com.cn/s/blog_462c63480102wgqp.html)

2. 结构设计

该项目采用胶合木张弦拱体系,张弦拱结构体系简单、受力明确,自平衡的张弦木拱支承于滑移支座,消除支座水平推力。木拱采用6根木撑杆与主索形成张弦结构,并与纵向索和屋面索形成完整稳定的体系。屋盖具备必要的刚度和承载力、良好的变形能力和耗能能力,通过设计要求其具有明确的计算简图和合理的荷载传递途径。

3. 预制构件的设计、生产与施工

游泳馆部分屋顶承重结构构件、梁采用工厂加工的胶合木构件,均为预制构件,模型如图5.40所示。胶合木受力构件在工厂完成生产加工后,二次开槽打孔,工厂预制拼装,减少了现场安装的误差。木拱为2毫米×170毫米×1000毫米双拼胶合木构件,每弧长由三段拼接而成。

构件连接均采用预制钢结构连接件,其中胶合木柱脚采用专利技术——植筋装配式连接节点,减少安装误差,降低了安装难度。梁柱节点处采用双柱夹梁,配合钢板螺栓连接,使现场安装效率大大提升。对于预制墙板与主体胶合木梁、柱采用螺栓、木螺钉等形式连接,方式简单,效率高。

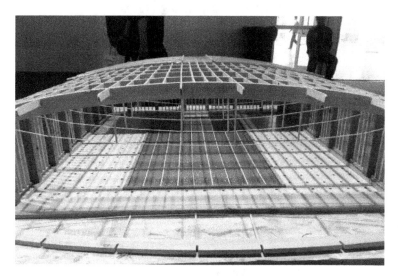

**图5.40 胶合木屋架模型**

(图片源自 http://www.precast.com.cn/index.php/news_detail-id-7075.html)

### (三)成本和效益分析

**1. 成本分析**

该项目屋盖胶合木构件和规格材(按宽度和高度规定尺寸加工的木材)整体用材量换算为整体建筑平方造价约为2000元/平方米,但是由于装修成本降低约500元/平方米,另外由于木材自重轻,是钢的1/16,是钢筋混凝土的1/5,现场施工成本降低约600元/平方米,则该项目整体增量成本约为900元/平方米。

**2. 用工用时分析**

该项目木结构屋盖现场施工时间为2016年6—7月,约1.5个月,采用大型履带吊和小型吊机配合完成吊装。项目现场只需要工人进行吊装,省却了常规建筑需要多工种配合作业的情况。最高峰现场施工投入劳动力20余人,施工效率较高。

**3. 未来改进方向**

该项目的屋面檩条间距因屋面拱为弧形,未能完全按照上铺基层结构板的模式进行设计,材料成本控制未达到最优;屋面构造采用龙骨格栅,保温层等,后期项目可考虑结合各专业,采用一体化设计;BIM技术只在前期设计中应用,未运用到后期管理、运营上,下一步将努力完善以BIM为核心的信息化技术集成应用,以期实现全过程运用BIM信息化技术;为提高项目的整体效率,屋面建筑盖板可按照模块化、结构功能一体化进行设计。

# 第四节　其他案例分析

## 一、郭公庄一期公共租赁住房项目(装配化装修)

### (一)项目概况

该项目位于北京市丰台区花乡地区,规划建设用地面积58 786平方米,总建筑面积达21万平方米,住宅建筑面积为13万平方米,建筑高度达60米,建筑层数为21层,如图5.41、图5.42所示。该项目采用开放街区、混合功能、围合空间规划理念,建筑结构与内装均采用装配式。该项目采用工程总承包模式,总承包商为北京城建建设工程有限公司,由北京和能人居科技有限公司完成从装修一体化设计到部品工厂生产、现场装配等装配化装修环节。该项目于2013年10月开工,2016年10月开始装修,已于2017年6月交付。

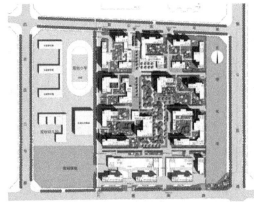

**图5.41　项目鸟瞰图与总平面图**

**图5.42　建筑单体效果及内部围合院落**

(图5.41、图5.42源自 https://www.sohu.com/a/204943101_188910)

该项目采用标准化设计,一居室建筑面积为40平方米左右,两居室为60平方米左右,其中A1户型(见图5.43)占比超77%。户型的标准化设计在一定程度上保证了预制构件模具的重复利用率,并有效地降低了预制构件生产的成本,同时有利于整个项目的工业化建造。

| 序号 | 户数 | 比例(%) |
|------|------|---------|
| A1 | 2313 | 77.05 |
| B1 | 310 | 10.33 |
| B2 | 295 | 9.83 |
| B3 | 84 | 2.80 |
| 合计 | 3002 | 100 |

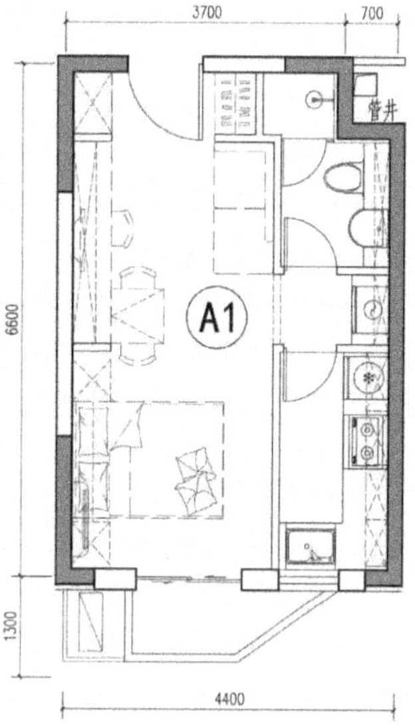

**图5.43　郭公庄一期公租房目户型类型比例及A1户型**

(图片源自:https://www.sohu.com/a/204943101_188910,因比例为约数,4数相加和为100.01%,这里约为100%)

**(二)装配化装修技术应用情况**

该项目采用装配化装修系统解决方案,内容涵盖厨卫、给水排水、强弱电、地暖、内门窗等全部内装部品,形成全屋装配化装修八大系统,即集成墙面、集成地面、集成吊顶、生态门窗、快装给水、薄法排水、集成厨房、集成卫浴。该项目基本实现了采用干法施工、管线与结构分离和部品工厂化生产。

1. 装配化装修的一体化设计

装配化装修的设计理念从该项目的建筑设计阶段便开始植入,形成建筑与内装的无缝对接,便于交叉施工,提高效率。以厨房和卫浴为例,通过装修的一体化设计,存在以下影响:一是整体模块化的影响;二是墙面的调整;三是吊顶部分的调整;四是地面的调整;五是管线的调整。

2. 装配化装修的管线分离技术

郭公庄一期公租房项目中的管线与墙体是分离的,不需要预埋,管线布置在架空层,并且接口位置集中,利于检测和维修。

在快装给水系统中,将即插水管通过专用连接件连接,实现快装即插、卡接牢固;接口集中布置在吊顶,利于后期检测维修。在薄法排水系统中,在架空地面下布置排水管,所有PP排水管胶圈采用承插式,使用专用支撑件在结构地面上按要求排至公区管井,这样不仅维修便利且不干扰邻里,经装配化装修的优化设计,卫生间无须沉降。

**3. 装配化装修的干式工法**

该项目在全屋装配系统中基本无湿法作业。传统施工中的抹灰找平等湿法作业,在该项目中采用架空、专用螺栓调平替代。在现场装配环节,工人用螺丝刀、手动电钻、测量尺等小型工具就能完成全程安装,作业环境整洁安静,并且节能环保。

(1)集成墙面系统。该项目采用轻钢龙骨轻质墙作为分室隔墙,内装空间可根据住户需要灵活调整;通过填充环保隔声材料,保证墙体隔声效果,据测定隔声效果达到43分贝,优于国家标准的35分贝。

(2)集成地面系统。该项目架空地脚支撑采用定制模块(见图5.44),架空层内布置水暖电管,用可拆卸的高密度平衡板保护地面,铺设超耐磨集成仿木纹免胶地板。经过以上措施,地暖模块的保护层热效应利用率提高,整套集成地面系统重量仅为40千克/平方米,大幅减轻楼板荷载。

**图5.44 架空地板地暖布设及完成效果**

(图片源自赵钿:《郭公庄一期公共租赁住房中的产业化设计与精细化设计》,《城市住宅》2016年23卷第2期,第28—36页)

**4. 装配化装修对特殊功能区的处理**

(1)对于集成卫浴系统,要重视防水防潮的处理。集成卫浴的墙面用柔性防潮隔膜材料,将冷凝水引流到整体防水地面,以防止潮气渗透到墙体空腔;在墙板留缝处进行打胶处理,实现墙面的整体防水性能;地面安装柔性化生产的整体防水底盘,让水通过专用快排地漏排出，以使整体密封不外流水；浴室柜柜体采用防水材质，匹配胶衣台面及台盆。

（2）集成厨房系统，要重视防水防油污。该项目中的厨房装修材料采用涂装材料，定制胶衣台面，防水防油污且耐磨；把排烟管道暗设在吊顶内，采用定制的油烟分离烟机，直排、环保，使排烟更彻底。

**（三）部品生产、技术应用情况**

该项目的部品完全是工厂化生产，部品之间协同提升装配化装修施工效率。

（1）部品模块化提升安装效率。所有产品在工厂车间完成生产制造之后，形成模块化，工作人员项目装修现场将各个模块快速安装完成。生态门窗系统中，在工厂分别完成门套和门扇的生产。门套用镀锌钢板冷轧工艺，安装铰链，表面集成木纹饰面；门扇为铝型材与增强龙骨及填充物嵌入结构；门板在工厂制作安装，集成木纹饰面，形成防火等级可达 A 级的生态门部品。最后在施工现场完成门扇与门套的安装。

（2）柔性化生产提高适用性。该项目中门窗套、地暖模块等很多部品都是采用柔性化生产的，卫生间柔性化制造的整体防水底盘采用可变模具实现各户型不同尺寸的快速定制，整体一次性集成制作，达到防水密封效果。

（3）专用部件提升系统功能。该项目采用了很多针对装配化装修开发的专利产品。卫生间采用的是配合装配化装修工法的专用地漏，可瞬间集中排水，结合薄法同层排水一体化设计，使防水与排水相互堵疏协同。该项目中的专用部件与系统的契合度更高。

**（四）成本和效益分析**

从用工、用时方面来看，传统装修 60 平方米的两居室，装修时间为十几个工人工作 2—3 个月；该项目采用装配化装修方式，60 平方米的两居室 3 个工人 10 天就能完成装修工作。传统装修中 2 个工人 1 天装 3 套门，采用装配化装修方式 2 个工人 1 天可以装 30 套门，装修效果如图 5.45 所示。从全生命周期的成本来测算，装配化装修降低了人工成本，缩短了工时，综合比传统装修整体节约 60% 的工费。

从节能环保角度来看，该项目装配化装修整体作业环境好，无污染，无垃圾，无噪声。同时，该项目采用干式工法，与传统装修相比较节水率达到 85%；由于工厂化施工产品的精准度大幅提升，避免了原材料浪费，与传统施工相比较节约用材达到 20%；全程节能降耗率达到 70%，尤其是地暖模块，该项目充分利用保护层的平衡板阻止热量向地面传导，热效率极大提高。

综上所述，该项目的装配化装修充分体现了我国装配式建筑发展的理念，符合"适用、经济、安全、绿色、美观"的要求,并且满足公租房快速翻新、环保耐用的特定需求,具有良好的发展前景。

**图5.45 郭公庄一期公共租赁住房装修效果**

(图片源自赵钿:《郭公庄一期公共租赁住房中的产业化设计与精细化设计》,《城市住宅》2016年23卷第2期,第28—36页)

# 本章小结

通过本章的案例分析,我们认识到装配式建筑一直在不断前进,并已取得了一些成果。目前,装配式建筑已经进入一个全新的发展阶段,《建筑产业现代化发展纲要》中明确提出,到2020年,装配式建筑占新建建筑的比例要达到20%以上;到2025年,装配式建筑的比例要占50%以上。同时,该纲要明确了未来5~10年建筑产业现代化的发展目标,到2020年基本形成适应建筑产业现代化的市场机制和发展环境,建筑产业现代化技术体系基本成熟。因此,推进装配式建筑业的发展任重而道远。面对新形势下的机遇与挑战,需要全行业、全社会的共同努力。

1. 装配式技术在各个建筑案例中是如何应用的?存在哪方面的通性?

2. 根据本章介绍的装配式建筑案例,总结信息化技术在装配式建筑中的应用。

# 参考文献

[1]常春光,吴飞飞.基于BIM和RFID技术的装配式建筑施工过程管理[J].沈阳建筑大学学报(社会科学版),2015,17(2):170-174.

[2]车惠民.苏联装配式预应力钢筋混凝土铁路桥跨结构[J].西南交通大学学报,1956(3):61-78.

[3]戴文莹.基于BIM技术的胶合竹预制体系装配式建筑实践案例——以武汉"石榴居"为例[J].建筑工程技术与设计,2017(12):772-773.

[4]樊则森,杜佩韦,杨帆.装配式住宅的绿色设计实践:中粮万科长阳半岛11号地工业化住宅组团[J].建筑学报,2013(3):38-41.

[5]顾泰昌.中英美等十国装配式建筑的发展现状[J].建筑设计管理,2017,34(8):39-40.

[6]顾泰昌.国内外装配式建筑发展现状[J].工程建设标准化,2014(8):48-51.

[7]蒋勤俭.国内外装配式混凝土建筑发展综述[J].建筑技术,2010,41(12):1074-1077.

[8]梁桂保,张友志.浅谈我国装配式住宅的发展进程[J].重庆工学院学报,2006(9):50-52,60.

[9]李慧如."大模板"多层住宅建筑技术经济分析[J].建筑经济研究,1980(2):16-20.

[10]李湘洲,李南.国外预制装配式建筑的现状[J].国外建材科技,1995(4):24-27.

[11]刘勇刚.基于BIM的装配式建筑全生命周期管理问题研究[J].建筑工程技术与设计,2017(23):156.

[12]齐宝库,李长福.基于BIM的装配式建筑全生命周期管理问题研究[J].施工技术,2014,43(15):25-29.

[13]齐博磊.装配式剪力墙结构预制混凝土构件模具设计与制作要点[J].城市建设理论研究,2014(10).

[14]曲艺,刘迪,张然,等.装配式剪力墙结构体系在万科金域蓝湾建筑中的应用[J].工业建筑,2013,43(9):165-168.

[15]沈丽萍,高立民,孙伟航.某钢结构高层住宅设计中的若干体会[C].第三届中国钢结构产业高峰论坛论文集,2012:212-216.

[16]万成兴,刘志伟,靳坤.公共租赁住房工业化的装配式住宅初探——以沈阳丽水新城项目PC结构体系与内装部品体系的装配式住宅设计为例[J].住宅产业,2011(8):25-27.

[17]王化杰,李洋,雷炎祥,等.装配式集装箱结构体系优化及节点性能[J].哈尔滨工业大学学报,2017,49(6):117-123.

[18]王晓锋,蒋勤俭,赵勇.《混凝土结构工程施工规范》GB50666-2011编制简介——装配式结构工程[J].施工技术,2012,41(6):15-19.

[19]许懋彦.世界博览会150年历程回顾[J].世界建筑,2000(11):19-22.

[20]杨德磊.国外BIM应用现状综述[J].土木建筑工程信息技术,2013,5(6):89-94,100.

[21]严薇,曹永红,李国荣.装配式结构体系的发展与建筑工业化[J].重庆建筑大学学报,2004(5):131-136.

[22]杨先奎,杨军.框架轻板建筑和装配式大板建筑的工业化施工方法[J].贵州工业大学学报(自然科学版),2007,36(3):54-58.

[23]赵捷.BIM技术在住宅产业化中的应用[D].石家庄:河北工程大学,2017.

[24]曾杰,杜成杰.预制装配式建筑结构体系与设计[J].建筑工程技术与设计,2017(32):574-574.

[25]周克家.装配式建筑模具现状及发展趋势[J].装备制造技术,2017(5):61-63.

[26]朱聘儒.骨架—板材式结构在水平力作用下的静力计算[J].土木工程学报,1963(3):47-52.

[27]张守峰.设计施工一体化是装配式建筑发展的必然趋势[J].施工技术,2016,45(16):1-5.

[28]周文波,蒋剑,熊成.BIM技术在预制装配式住宅中的应用研究[J].施工技术,2012,41(22):72-74.

[29]张晔,区敏贤.实践样本之一:精细化施工和技术型工人:访上海城建浦江镇保障房装配式住宅项目[J].上海安全生产,2014(12):25-27.

# 附　录

# 附录1　装配式建筑规范与标准

附表1　国内装配式混凝土结构主要标准及标准图集

| 类别 | 名称 | 编号 |
|---|---|---|
| 有关模数基础标准 | 建筑模数协调标准 | GB/T 50002-2013 |
| | 厂房建筑模数协调标准 | GB/T 50002-2010 |
| 主要部品模数协调标准 | 建筑模数协调标准 | GB/T 50002-2013 |
| | 建筑楼梯模数协调标准(已废止) | GBJ101-1987 |
| | 住宅厨房及相关设备基本参数 | GB/T 11228-2008 |
| | 住宅卫生间功能及尺寸系列 | GB/T 11977-2008 |
| | 建筑门窗洞口尺寸系列 | GB/T 5824-2008 |
| | 住宅厨房模数协调标准及条文说明 | JGJ/T 262-2012 |
| | 工业化住宅尺寸协调标准 | JGJ/T 445-2018 |
| 主要相关国家标准 | 装配式混凝土建筑技术标准 | GB/T 51231-2016 |
| | 混凝土结构设计规范 | GB 50010-2010 |
| | 装配式建筑评价标准 | GB/T 51129-2017 |
| | 混凝土结构工程施工规范 | GB 500666-2011 |
| | 混凝土结构工程施工质量验收规范 | GB 50204-2015 |
| | 建筑结构荷载规范 | GB 50009-2012 |
| | 建筑抗震设计规范 | GB 50011-2010 |
| | 预制混凝土构件质量检验评定标准(已废止) | GBJ321-1990 |
| | 钢筋混凝土升板结构技术规范(已废止) | GBJ130-1990 |
| | 预应力混凝土空心板 | GB/T 14040-2007 |

| 类别 | 名称 | 编号 |
|---|---|---|
| 行业标准 | 装配式混凝土结构技术规程 | JGJ1-2014 |
| | 装配式大板居住建筑设计和施工规程(已废止) | JGJ1-1991 |
| | 高层建筑混凝土结构技术规程 | JGJ3-1991 |
| | 预制预应力混凝土装配整体式框架结构技术规程 | JGJ 224-2010 |
| | 预制带肋底板混凝土叠合楼板技术规程 | JGJ/T 258-2011 |
| | 工业厂房墙板设计与施工规程 | JGJ2-79 |
| | 钢筋套筒灌浆连接应用技术规程 | JGJ 355-2015 |
| | 工业化住宅尺寸协调标准 | JGJ/T 445-2018 |
| 产品标准 | 钢筋连接用灌浆套筒 | JG/T 398-2012 |
| | 钢筋连接用套筒灌浆料 | JG/T 408-2013 |
| 协会标准 | 混凝土及预制混凝土构件质量控制规程(已废止) | CECS 40:92 |
| | 钢筋混凝土装配整体式框架节点与连接设计规程 | CECS 43:92 |
| | 整体预应力装配式板柱结构技术规程 | CECS 52:2010 |
| | 约束混凝土柱组合梁框架结构技术规程 | CECS 347-2013 |
| 标准图集 | 预制混凝土剪力墙外墙板 | 15G365-1 |
| | 预制混凝土剪力墙内墙板 | 15G365-2 |
| | 桁架钢筋混凝土叠合板(60mm厚底板) | 15G366-1 |
| | 预制钢筋混凝土板式楼梯 | 15G367-1 |
| | 预制钢筋混凝土阳台板、空调板及女儿墙 | 15G368-1 |
| | 装配式混凝土结构住宅建筑设计示例(剪力墙结构) | 15J939-1 |
| | 装配式混凝土结构表示方法及示例(剪力墙结构) | 15G107-1 |
| | 装配式混凝土结构连接节点构造(2015年合订本) | 15G310-1～2 |

附表2 钢结构建筑相关标准

| 序号 | 名称 | 编号 |
|------|------|------|
| 1 | 装配式钢结构建筑技术标准 | GB/T 51232-2016 |
| 2 | 钢结构设计标准 | GB 50017-2017 |
| 3 | 冷湾薄壁型钢结构技术规范 | GB 50018-2002 |
| 4 | 建筑钢结构防腐蚀技术规程 | JGJ/T 251-2011 |
| 5 | 建筑用钢结构防腐涂料 | CJ/T 224-2007 |
| 6 | 高层民用建筑钢结构技术规程 | JGJ99-2015 |
| 7 | 高耸结构设计规范 | GB 50135-2006 |
| 8 | 建筑设计防火规范 | GB 50016-2014 |
| 9 | 轻型钢结构住宅技术规程 | JGJ 209-2010 |
| 10 | 网架结构设计与施工规程(已废止) | JGJ 7-1991 |
| 11 | 交错桁架钢结构设计规程 | JGJ/T 329-2015 |
| 12 | 网壳结构技术规程(已废止) | JGJ 61-2003 |
| 13 | 门式刚架轻型房屋钢结构技术规范 | GB 51022-2015 |
| 14 | 门式刚架轻型房屋钢构件 | JG/T 144-2016 |
| 15 | 钢管混凝土结构技术规程 | CECS 28:2012 |
| 16 | 矩形钢管混凝土结构技术规程 | CECS 159:2004 |
| 17 | 钢管混凝土叠合柱结构技术规程 | CECS 188:2005 |
| 18 | 组合结构设计规范 | JGJ 138-2016 |
| 19 | 建筑钢结构焊接技术规程(已废止) | JGJ 81-2002 |
| 20 | 铸钢节点应用技术规程 | CECS 235:2008 |
| 21 | 钢结构工程施工质量验收规范 | GB 50205-2001 |
| 22 | 钢结构工程施工规范 | GB 50755-2012 |
| 23 | 钢结构工程质量检验评定标准(已废止) | GB 50221-95 |
| 24 | 钢结构高强度螺栓连接技术规程 | JGJ 82-2011 |

附表3　木结构建筑相关标准

| 序号 | 名称 | 编号 |
|------|------|------|
| 1 | 装配式木结构建筑技术标准 | GB/T 51233-2016 |
| 2 | 多高层木结构建筑技术标准 | GB/T 51226-2017 |
| 3 | 木结构设计标准 | GB 50005-2017 |
| 4 | 木骨架组合墙体技术标准 | GB/T 50361-2018 |
| 5 | 建筑设计防火规范 | GB 50016-2014 |
| 6 | 单板层积材包装箱设计规范 | GB/T 34364-2017 |
| 7 | 木结构覆板用胶合板 | GB/T 22349-2008 |
| 8 | 防腐木材 | GB/T 22102-2008 |
| 9 | 木材防腐剂 | GB/T 27654-2011 |
| 10 | 防腐木材的使用分类和要求 | GB/T 27651-2011 |
| 11 | 建筑用加压处理防腐木材 | SB/T 10628-2011 |
| 12 | 结构用集成材 | GB/T 26899-2011 |
| 13 | 木结构工程施工质量验收规范 | GB 50206-2012 |
| 14 | 木结构工程施工规范 | GB/T 50772-2012 |
| 15 | 木结构试验方法标准 | GB/T 50329-2012 |
| 16 | 防腐木材工程应用技术规范 | GB 50828-2012 |
| 17 | 建筑结构用木工字梁 | GB/T 28985-2012 |
| 18 | 胶合木结构技术规范 | GB/T 50708-2012 |
| 19 | 结构木材　加压法阻燃处理 | SB/T 10896-2012 |
| 20 | 轻型木桁架技术规范 | JGJ/T 265-2012 |
| 21 | 结构用木质复合材产品力学性能评定 | GB/T 28986-2012 |
| 22 | 结构用规格材特征值的测试方法 | GB/T 28987-2012 |
| 23 | 结构用锯材力学性能测试方法 | GB/T 28993-2012 |
| 24 | 轻型木结构用规格材目测分级规则 | GB/T 29897-2013 |
| 25 | 轻型木结构-结构用指接规格材 | LY/T 2228-2013 |
| 26 | 定向刨花板 | LY/T 1580-2010 |
| 27 | 结构用竹木复合板 | GB/T 21128-2007 |
| 28 | 木结构建筑 | 14J924 |

附表4　其他建筑相关标准

| 序号 | 发生主体 | 类型 | 名称 | 编号 | 适用阶段 | 发布时间 |
|---|---|---|---|---|---|---|
| 1 | 国家 | 图集 | 装配式混凝土结构住宅建筑设计示例(剪力墙结构) | 15J939-1 | 设计、生产 | 2015年2月 |
| 2 | 国家 | 图集 | 装配式混凝土结构表示方法及示例(剪力墙结构) | 15G107-1 | 设计、生产 | 2015年2月 |
| 3 | 国家 | 图集 | 桁架钢筋混凝土叠合板(60mm厚底板) | 15G366-1 | 设计、生产 | 2015年2月 |
| 4 | 国家 | 图集 | 预制钢筋混凝土板式楼梯 | 15G367-1 | 设计、生产 | 2015年2月 |
| 5 | 国家 | 图集 | 装配式混凝土结构连接节点构造(楼盖结构和楼梯) | 15G310-1 | 设计、施工、验收 | 2015年2月 |
| 6 | 国家 | 图集 | 装配式混凝土结构连接节点构造(剪力墙) | 15G310-2 | 设计、施工、验收 | 2015年2月 |
| 7 | 国家 | 图集 | 预制钢筋混凝土阳台板、空调板及女儿墙 | 15G368-1 | 设计、生产 | 2015年2月 |
| 8 | 国家 | 验收规范 | 混凝土结构工程施工质量验收规范 | GB 50204-2015 | 施工、验收 | 2014年12月 |
| 9 | 国家 | 验收规范 | 混凝土结构工程施工规范 | GB 506666-2011 | 生产、施工、验收 | 2012年1月 |
| 10 | 国家 | 评价标准 | 工业化建筑评价标准 | GB/T 51129-2015 | 设计、生产、施工 | 2015年8月 |
| 11 | 行业 | 技术规程 | 钢筋机械连接技术规程 | JGJ 107-2016 | 生产、施工、验收 | 2016年2月 |
| 12 | 行业 | 技术规程 | 钢筋套筒灌浆连接应用技术规程 | JGJ 355-2015 | 生产、施工、验收 | 2015年1月 |
| 13 | 行业 | 设计规程 | 装配式混凝土结构技术规程 | JGJ 1-2014 | 设计、施工、工程验收 | 2014年2月 |
| 14 | 北京市 | 设计规程 | 装配式剪力墙住宅建筑设计规程 | DB11/T 970-2013 | 设计 | 2013年3月 |
| 15 | 北京市 | 设计规程 | 装配式剪力墙结构设计规程 | DB11/ 1003-2013 | 设计 | 2013年7月 |
| 16 | 北京市 | 标准 | 预制混凝土构件质量检验标准 | DB11/T 968-2013 | 生产、施工、验收 | 2013年3月 |
| 17 | 北京市 | 验收规程 | 装配式混凝土结构工程施工与质量验收规程 | DB11/T 1030-2013 | 生产、施工、验收 | 2013年11月 |
| 18 | 山东省 | 设计规程 | 装配整体式混凝土结构设计规程 | DB37/T 5018-2014 | 设计 | 2014年9月 |
| 19 | 山东省 | 验收规程 | 装配整体式混凝土结构工程施工与质量验收规程 | DB37/T 5019-2014 | 施工、验收 | 2014年9月 |

| 序号 | 发生主体 | 类型 | 名称 | 编号 | 适用阶段 | 发布时间 |
|---|---|---|---|---|---|---|
| 20 | 山东省 | 验收规程 | 装配整体式混凝土结构工程预制构件制作与验收规程 | DB37/T 5020-2014 | 施工、验收 | 2014年9月 |
| 21 | 上海市 | 设计规程 | 装配整体式混凝土公共建筑设计规程 | DGJ 08-2154-2014 | 设计 | 2014年 |
| 22 | 上海市 | 图集 | 装配整体式混凝土构件图集 | DBJT 08-121-2016 | 设计、生产 | 2016年1月 |
| 23 | 上海市 | 图集 | 装配整体式混凝土住宅构造节点图集 | DBJT08-116-2013 | 设计、生产、施工 | 2013年5月 |
| 24 | 上海市 | 评价标准 | 工业化住宅建筑评价标准 | DG/TJ 08-2198-2016 | 设计、生产、施工 | 2016年 |
| 25 | 广东省 | 技术规程 | 装配式混凝土建筑结构技术规程 | DBJ 15-107-2016 | 设计、生产、施工 | 2016年5月 |
| 26 | 深圳市 | 技术规程 | 预制装配钢筋混凝土外墙技术规程 | SJG24-2012 | 设计、生产、施工 | 2012年6月 |
| 27 | 深圳市 | 技术规范 | 预制装配整体式钢筋混凝土结构技术规范 | SJG18-2009 | 设计、生产、施工 | 2009年9月 |
| 28 | 江苏省 | 技术规程 | 预制装配整体式剪力墙结构技术规程 | DGJ32/TJ 125-2011 | 设计、生产、施工、验收 | 2011年8月 |
| 29 | 江苏省 | 技术规程 | 施工现场装配式轻钢结构活动板房技术规程 | DGJ32/J 54-2016 | 设计、生产、施工、验收 | 2016年4月 |
| 30 | 江苏省 | 图集 | 预制装配式住宅楼梯设计图集 | 苏G26-2015 | 设计、生产、施工、验收 | 2015年10月 |
| 31 | 江苏省 | 技术导则 | 江苏省工业化建筑技术导则（装配式混凝土结构） | 无 | 设计、生产、施工、验收 | 2015年12月 |
| 32 | 江苏省 | 图集 | 预制装配式住宅楼梯设计图集 | 苏G26-2015 | 设计、生产 | 2015年11月 |
| 33 | 江苏省 | 技术规程 | 预制混凝土装配整体式框架（润泰体系）技术规程 | 苏JG/T034-2009 | 设计、生产、施工、验收 | 2009年12月 |
| 34 | 江苏省 | 技术规程 | 预制预应力混凝土装配整体式框架（世构体系）技术规程 | 苏JG/T006-2005 | 设计、生产、施工、验收 | 2009年9月 |
| 35 | 四川省 | 验收规程 | 四川省装配式混凝土结构工程施工与质量验收规程 | DBJ51/T054-2015 | 施工、验收 | 2016年1月 |
| 36 | 四川省 | 设计规程 | 四川省装配整体式住宅建筑设计规程 | DBJ51/T038-2015 | 设计 | 2015年1月 |

续　表

| 序号 | 发生主体 | 类型 | 名称 | 编号 | 适用阶段 | 发布时间 |
|---|---|---|---|---|---|---|
| 37 | 福建省 | 技术规程 | 福建省预制装配式混凝土结构技术规程 | DBJ13-216-2015 | 生产、施工、验收 | 2015年2月 |
| 38 | 福建省 | 设计导则 | 福建省装配整体式结构设计导则 | 无 | 设计 | 2015年3月 |
| 39 | 福建省 | 审图要点 | 福建省装配整体式结构施工图审查要点 | 无 | 设计 | 2015年3月 |
| 40 | 浙江省 | 技术规程 | 叠合板式混凝土剪力墙结构技术规程 | DB33/T1120-2016 | 生产、施工、验收 | 2016年3月 |
| 41 | 湖南省 | 规范 | 装配式钢结构集成部品撑柱 | DB43T1009-2015 | 生产、验收 | 2015年2月 |
| 42 | 湖南省 | 技术规程 | 装配式斜支撑节点钢框架结构技术规程 | DBJ 43/T311-2015 | 生产、施工、验收 | 2015年5月 |
| 43 | 湖南省 | 规范 | 装配式钢结构集成部品主板 | DB43/T995-2015 | 生产、验收 | 2015年2月 |
| 44 | 湖南省 | 技术规程 | 混凝土装配-现浇式剪力墙结构技术规程 | DBJ 43/T301-2015 | 设计、生产、施工、验收 | 2015年1月 |
| 45 | 湖南省 | 技术规程 | 混凝土叠合楼盖装配整体式建筑技术规程 | DBJ 43/T301-2013 | 设计、生产、施工、验收 | 2013年11月 |
| 46 | 河北省 | 技术规程 | 装配整体式混合框架结构技术规程 | DB13(J)/T184-2015 | 设计、生产、施工、验收 | 2015年4月 |
| 47 | 河北省 | 技术规程 | 装配整体式混凝土剪力墙结构设计规程 | DB13(J)/T179-2015 | 设计 | 2015年4月 |
| 48 | 河北省 | 技术规程 | 装配式混凝土剪力墙结构建筑与设备设计规程 | DB13(J)/T180-2015 | 设计 | 2015年4月 |
| 49 | 河北省 | 验收标准 | 装配式混凝土构件制作与验收标准 | DB13(J)/T181-2015 | 生产、验收 | 2015年4月 |
| 50 | 河北省 | 验收规程 | 装配式混凝土剪力墙结构施工及质量验收规程 | DB13(J)/T182-2015 | 施工、验收 | 2015年4月 |
| 51 | 河南省 | 技术规程 | 装配式住宅建筑设备技术规程 | DBJ41/T159-2016 | 设计、生产、施工、验收 | 2016年6月 |
| 52 | 河南省 | 技术规程 | 装配整体式混凝土结构技术规程 | DBJ41/T154-2016 | 设计、生产、施工、验收 | 2016年4月 |
| 53 | 河南省 | 技术规程 | 装配式混凝土构件制作与验收技术规程 | DBJ41/T155-2016 | 生产、验收 | 2016年4月 |
| 54 | 河南省 | 技术规程 | 装配式住宅整体卫浴间应用技术规程 | DBJ41/T158-2016 | 施工、验收 | 2016年6月 |

| 序号 | 发生主体 | 类型 | 名称 | 编号 | 适用阶段 | 发布时间 |
|---|---|---|---|---|---|---|
| 55 | 湖北省 | 技术规程 | 装配整体式混凝土剪力墙结构技术规程 | DB42/T 1044-2015 | 设计、生产、施工、验收 | 2015年2月 |
| 56 | 湖北省 | 施工验收规程 | 装配式混凝土结构工程施工与质量验收规程 | DB42/T 1225-2016 | 施工、验收 | 2016年11月 |
| 57 | 甘肃省 | 图集 | 预制带肋底板混凝土叠合楼板图集 | DBJT25-125-2011 | 设计、生产 | 2011年11月 |
| 58 | 甘肃省 | 图集 | 横孔连锁混凝土空心砌块填充墙图集 | DBJT25-126-2011 | 设计、生产 | 2011年11月 |
| 59 | 辽宁省 | 验收规程 | 预制混凝土构件制作与验收规程（暂行） | DB21/T1872-2011 | 生产、验收 | 2010年1月 |
| 60 | 辽宁省 | 技术规程 | 装配整体式混凝土结构技术规程（暂行） | DB21/T1868-2010 | 设计、生产、施工、验收 | 2010年12月 |
| 61 | 辽宁省 | 技术规程 | 装配式建筑全装修技术规程（暂行） | DB21/T1893-2011 | 设计、生产、施工、验收 | 2011年6月 |
| 62 | 辽宁省 | 设计规程 | 装配整体式剪力墙结构设计规程（暂行） | DB21/T2000-2012 | 设计、生产 | 2012年7月 |
| 63 | 辽宁省 | 技术规程 | 装配整体式混凝土结构技术规程（暂行） | DB21/T1868-2010 | 设计、生产、施工、验收 | 2010年12月 |
| 64 | 辽宁省 | 技术规程 | 装配整体式建筑设备与电气技术规程（暂行） | DB21/T 1925-2011 | 设计、生产、施工、验收 | 2011年12月 |
| 65 | 辽宁省 | 图集 | 装配式钢筋混凝土板式住宅楼梯 | DBJT05-272 | 设计 | 2015年2月 |
| 66 | 辽宁省 | 图集 | 装配式钢筋混凝土叠合板 | DBJT05-273 | 设计 | 2015年2月 |
| 67 | 安徽省 | 技术规程 | 建筑用光伏构件系统工程技术规程 | DB 34/T 2461-2015 | 设计、生产、施工、验收 | 2015年8月 |
| 68 | 安徽省 | 产品规范 | 建筑用光伏构件 | DB 34/T 2460-2015 | 设计、生产、施工、验收 | 2015年8月 |
| 69 | 安徽省 | 验收规程 | 装配整体式混凝土结构工程施工及验收规程 | DB 34/T 5043-2016 | 施工、验收 | 2016年3月 |
| 70 | 安徽省 | 验收规程 | 装配整体式建筑预制混凝土构件制作与验收规程 | DB34/T 5033-2015 | 生产、验收 | 2015年10月 |

# 附录2　关于印发《国家住宅产业化基地试行办法》的通知

建住房〔2006〕150号

各省、自治区、直辖市建设厅（建委），新疆生产建设兵团建设局：

　　建立住宅产业化基地，对于推动住宅产业现代化，大力发展节能省地型住宅，提高住宅质量、性能和品质，满足广大城乡居民改善和提高住房条件，具有重要意义。建设部将选择3—5个城市，十多个企业联盟或集团开展国家住宅产业化基地试点工作，为保证试点工作的顺利进行，我部在征求各方面意见的基础上，制定了《国家住宅产业化基地试行办法》，现印发给你们，请按要求做好相关工作。

中华人民共和国建设部

二〇〇六年六月二十一日

## 国家住宅产业化基地试行办法

　　为贯彻落实《国务院关于促进房地产市场持续健康发展的通知》（国发〔2003〕18号）和《国务院办公厅转发建设部等部门关于推进住宅产业现代化提高住宅质量的若干意见》（国办发〔1999〕72号）文件的精神，依据《建设事业技术政策纲要》（建科〔2004〕72号），制定本办法。

### 一、建立国家住宅产业化基地的指导思想与目的

　　（一）建立国家住宅产业化基地（以下简称"产业化基地"）要坚持科学发展观，依靠技术创新，提高住宅产业标准化、工业化水平，大力发展节能省地型住宅，促进粗放式的住宅建造方式的转变，增强住宅产业可持续发展能力。

　　（二）建立产业化基地，培育和发展一批符合住宅产业现代化要求的产业关联度大、带动能力强的龙头企业，发挥示范、引导和辐射作用。发展符合节能、节地、节水、节材等资源节约和环保要求的住宅产业化成套技术与建筑体系，满足广大城乡居民对提高住宅的质量、性能和品质的需求。

## 二、产业化基地的主要任务

（一）产业化基地应研发、推广符合居住功能要求的标准化、系列化、配套化和通用化的新型工业化住宅建筑体系、部品体系与成套技术，提高自主创新能力，突破核心技术和关键技术，走出一条科技含量高、经济效益好、资源消耗低、环境污染少、人力资源优势得到充分发挥的新型工业化发展道路，提升产业整体技术水平。

（二）鼓励一批骨干房地产开发企业与部品生产、科研单位组成联盟，选择对提高住宅综合性能起关键作用的核心技术，集中力量开发攻关，形成产学研相结合的技术创新体系，带动所在地区的住宅产业发展。

（三）产业化基地应当逐步发展成为所处领域内的技术研发中心，积极参与相关标准规范的编制与国家住宅产业经济、技术政策的研究。

（四）选择有条件的城市开展产业化基地的综合试点，积极研究推进住宅产业现代化的经济政策与技术政策，探索住宅产业化工作的推进机制、政策措施，建立符合地方特色的住宅产业发展模式和因地制宜的住宅产业化体系。支持和引导产业化基地的先进技术、成果在住宅示范工程以及其他住宅建设项目中推广应用，形成研发、生产、推广、应用相互促进的市场推进机制。

## 三、设立产业化基地应具备的条件

（一）申报产业化基地的单位，应是具备一定开发规模和技术集成能力的大型住宅开发建设企业为龙头，与住宅部品生产企业、科研单位等组成的产业联盟；或具备较高技术集成度和研发生产能力的大型住宅部品生产企业；以及产业联盟和大型住宅部品生产企业比较集中的城市。

（二）申报单位应具备较强的技术集成、系列开发、工业化生产、市场开拓与集约化供应的能力，建立生产、建造、科研相结合的创新机制，具有国内先进水平的专门研发机构，能为企业协作与行业发展提供服务，并在本领域起到示范、辐射的作用。

（三）申报单位应根据自身条件及优势，并结合国家推进住宅产业现代化的政策要求，编制发展规划，提出具体的发展目标、技术措施、保障条件及实施计划。

（四）申报单位应建立健全有效的管理体系和运行机制，通过质量体系认证，具有良好的市场信誉。

（五）申报单位的关键技术与成果应符合国家住宅产业现代化的发展方向，适应城乡住宅发展需求,符合"四节一环保"的要求,并具有一定的先进性和较高的系统集成,技术成熟可靠,便于推广应用。

关键技术领域主要包括:

1. 新型工业化住宅建筑结构体系;

2. 符合国家墙改政策要求的新型墙体材料和成套技术;

3. 满足国家节能要求的住宅部品和成套技术;

4. 符合新能源利用的住宅部品和成套技术;

5. 有利于水资源利用的节水部品和成套技术;

6. 有利于城市减污和环境保护的成套技术;

7. 符合工厂化、标准化、通用化的住宅装修部品和成套技术等。

(六)申报产业化基地的试点城市,一般为副省级或省会以上的城市,具有较好的住宅产业化工作基础,较强的科技开发、产业化生产组织能力,对全国住宅产业化工作的推进可以起到示范引导作用,并符合以下要求:

1. 确定适合本地区的住宅产业发展模式和发展规划;

2. 提出本地区住宅产业化发展政策框架,在技术经济政策和推进机制等方面有所创新;

3. 确定符合节能省地要求,以"四节一环保"为主要内容的住宅产业发展技术经济指标,选择确立适宜地区发展的新型工业化住宅建造体系。

## 四、产业化基地的申报、批准与管理

(一)国家产业化基地组织管理工作统一由建设部负责,产业化基地具体技术指导及日常管理工作由建设部住宅产业化促进中心负责。

(二)设立产业化基地实行自愿申报的原则。

(三)申报单位应填写《国家住宅产业化基地申报表》、编制《国家住宅产业化基地可行性报告》。经所在省、自治区、直辖市建委(建设厅)签署推荐意见后,报建设部住宅产业化促进中心。

(四)《国家住宅产业化基地可行性报告》主要内容是:单位概况;基地实施的总体目标;基地实施的基本条件与优势;基地实施的主要技术内容;主要技术成果的产业化分析;产业化辐射效果及示范作用;基地的组织管理与计划安排;基地实施的政策保证措施;产业化基地实施的经济效益与社会效益分析。

（五）建设部住宅产业化促进中心会同申报单位所在省、自治区、直辖市建委（建设厅），组织专家对申报项目实地考察，并对《国家住宅产业化基地可行性报告》进行论证，通过论证的，报建设部批准。

（六）批准设立产业化基地的单位，应与建设部住宅产业化促进中心签订《国家住宅产业化基地实施责任书》后实施。《国家住宅产业化基地实施责任书》由建设部住宅产业化促进中心依据本办法另行编制。

（七）对批准实施的产业化基地，由建设部住宅产业化促进中心会同所在地方建设行政主管部门进行指导，并定期组织检查和考核。

（八）已经批准的产业化基地，因特殊情况不能按计划组织实施的，实施单位应及时向建设部住宅产业化促进中心报告，并通报地方建设行政主管部门。建设部住宅产业化促进中心会同地方建设行政主管部门对其提出处理意见。

（九）对不能按照本办法和《国家住宅产业化基地实施责任书》要求组织实施的，或在规定整改期限内仍不能达到要求的，取消其产业化基地资格。

# 附录3 国务院办公厅关于转发发展改革委 住房城乡建设部绿色建筑行动方案的通知

国办发〔2013〕1号

各省、自治区、直辖市人民政府,国务院各部委、各直属机构:

发展改革委、住房城乡建设部《绿色建筑行动方案》已经国务院同意,现转发给你们,请结合本地区、本部门实际,认真贯落实。

国务院办公厅

2013年1月1日

## 绿色建筑行动方案

### 发展改革委 住房城乡建设部

为深入贯彻落实科学发展观,切实转变城乡建设模式和建筑业发展方式,提高资源利用效率,实现节能减排约束性目标,积极应对全球气候变化,建设资源节约型、环境友好型社会,提高生态文明水平,改善人民生活质量,制定本行动方案。

## 一、充分认识开展绿色建筑行动的重要意义

绿色建筑是在建筑的全寿命期内,最大限度地节约资源、保护环境和减少污染,为人们提供健康、适用和高效的使用空间,与自然和谐共生的建筑。"十一五"以来,我国绿色建筑工作取得明显成效,既有建筑供热计量和节能改造超额完成"十一五"目标任务,新建建筑节能标准执行率大幅度提高,可再生能源建筑应用规模进一步扩大,国家机关办公建筑和大型公共建筑节能监管体系初步建立。但也面临一些比较突出的问题,主要是:城乡建设模式粗放,能源资源消耗高、利用效率低,重规模轻效率、重外观轻品质、重建设轻管理,建筑使用寿命远低于设计使用年限等。

开展绿色建筑行动,以绿色、循环、低碳理念指导城乡建设,严格执行建筑节能强制性标准,扎实推进既有建筑节能改造,集约节约利用资源,提高建筑的安全性、舒适性和健康性,对转变城乡建设模式,破解能源资源瓶颈约束,改善群众生产生活条件,培育节

能环保、新能源等战略性新兴产业,具有十分重要的意义和作用。要把开展绿色建筑行动作为贯彻落实科学发展观、大力推进生态文明建设的重要内容,把握我国城镇化和新农村建设加快发展的历史机遇,切实推动城乡建设走上绿色、循环、低碳的科学发展轨道,促进经济社会全面、协调、可持续发展。

## 二、指导思想、主要目标和基本原则

### (一)指导思想

以邓小平理论、"三个代表"重要思想、科学发展观为指导,把生态文明融入城乡建设的全过程,紧紧抓住城镇化和新农村建设的重要战略机遇期,树立全寿命期理念,切实转变城乡建设模式,提高资源利用效率,合理改善建筑舒适性,从政策法规、体制机制、规划设计、标准规范、技术推广、建设运营和产业支撑等方面全面推进绿色建筑行动,加快推进建设资源节约型和环境友好型社会。

### (二)主要目标

1. 新建建筑。城镇新建建筑严格落实强制性节能标准,"十二五"期间,完成新建绿色建筑10亿平方米;到2015年末,20%的城镇新建建筑达到绿色建筑标准要求。

2. 既有建筑节能改造。"十二五"期间,完成北方采暖地区既有居住建筑供热计量和节能改造4亿平方米以上,夏热冬冷地区既有居住建筑节能改造5000万平方米,公共建筑和公共机构办公建筑节能改造1.2亿平方米,实施农村危房改造节能示范40万套。到2020年末,基本完成北方采暖地区有改造价值的城镇居住建筑节能改造。

### (三)基本原则

1. 全面推进,突出重点。全面推进城乡建筑绿色发展,重点推动政府投资建筑、保障性住房以及大型公共建筑率先执行绿色建筑标准,推进北方采暖地区既有居住建筑节能改造。

2. 因地制宜,分类指导。结合各地区经济社会发展水平、资源禀赋、气候条件和建筑特点,建立健全绿色建筑标准体系、发展规划和技术路线,有针对性地制定有关政策措施。

3. 政府引导,市场推动。以政策、规划、标准等手段规范市场主体行为,综合运用价格、财税、金融等经济手段,发挥市场配置资源的基础性作用,营造有利于绿色建筑发展的市场环境,激发市场主体设计、建造、使用绿色建筑的内生动力。

4. 立足当前,着眼长远。树立建筑全寿命期理念,综合考虑投入产出效益,选择合理的规划、建设方案和技术措施,切实避免盲目的高投入和资源消耗。

## 三、重点任务

**(一)切实抓好新建建筑节能工作。**

1. 科学做好城乡建设规划。在城镇新区建设、旧城更新和棚户区改造中,以绿色、节能、环保为指导思想,建立包括绿色建筑比例、生态环保、公共交通、可再生能源利用、土地集约利用、再生水利用、废弃物回收利用等内容的指标体系,将其纳入总体规划、控制性详细规划、修建性详细规划和专项规划,并落实到具体项目。做好城乡建设规划与区域能源规划的衔接,优化能源的系统集成利用。建设用地要优先利用城乡废弃地,积极开发利用地下空间。积极引导建设绿色生态城区,推进绿色建筑规模化发展。

2. 大力促进城镇绿色建筑发展。政府投资的国家机关、学校、医院、博物馆、科技馆、体育馆等建筑,直辖市、计划单列市及省会城市的保障性住房,以及单体建筑面积超过2万平方米的机场、车站、宾馆、饭店、商场、写字楼等大型公共建筑,自2014年起全面执行绿色建筑标准。积极引导商业房地产开发项目执行绿色建筑标准,鼓励房地产开发企业建设绿色住宅小区。切实推进绿色工业建筑建设。发展改革、财政、住房城乡建设等部门要修订工程预算和建设标准,各省级人民政府要制定绿色建筑工程定额和造价标准。严格落实固定资产投资项目节能评估审查制度,强化对大型公共建筑项目执行绿色建筑标准情况的审查。强化绿色建筑评价标识管理,加强对规划、设计、施工和运行的监管。

3. 积极推进绿色农房建设。各级住房城乡建设、农业等部门要加强农村村庄建设整体规划管理,制定村镇绿色生态发展指导意见,编制农村住宅绿色建设和改造推广图集、村镇绿色建筑技术指南,免费提供技术服务。大力推广太阳能热利用、围护结构保温隔热、省柴节煤灶、节能炕等农房节能技术;切实推进生物质能利用,发展大中型沼气,加强运行管理和维护服务。科学引导农房执行建筑节能标准。

4. 严格落实建筑节能强制性标准。住房城乡建设部门要严把规划设计关口,加强建筑设计方案规划审查和施工图审查,城镇建筑设计阶段要100%达到节能标准要求。加强施工阶段监管和稽查,确保工程质量和安全,切实提高节能标准执行率。严格建筑节能专项验收,对达不到强制性标准要求的建筑,不得出具竣工验收合格报告,不允许投入使用并强制进行整改。鼓励有条件的地区执行更高能效水平的建筑节能标准。

**(二)大力推进既有建筑节能改造**

1. 加快实施"节能暖房"工程。以围护结构、供热计量、管网热平衡改造为重点,大力推进北方采暖地区既有居住建筑供热计量及节能改造,"十二五"期间完成改造4亿平方米以上,鼓励有条件的地区超额完成任务。

2. 积极推动公共建筑节能改造。开展大型公共建筑和公共机构办公建筑空调、采暖、通风、照明、热水等用能系统的节能改造,提高用能效率和管理水平。鼓励采取合同能源管理模式进行改造,对项目按节能量予以奖励。推进公共建筑节能改造重点城市示范,继续推行"节约型高等学校"建设。"十二五"期间,完成公共建筑改造6000万平方米,公共机构办公建筑改造6000万平方米。

3. 开展夏热冬冷和夏热冬暖地区居住建筑节能改造试点。以建筑门窗、外遮阳、自然通风等为重点,在夏热冬冷和夏热冬暖地区进行居住建筑节能改造试点,探索适宜的改造模式和技术路线。"十二五"期间,完成改造5000万平方米以上。

4. 创新既有建筑节能改造工作机制。做好既有建筑节能改造的调查和统计工作,制定具体改造规划。在旧城区综合改造、城市市容整治、既有建筑抗震加固中,有条件的地区要同步开展节能改造。制定改造方案要充分听取有关各方面的意见,保障社会公众的知情权、参与权和监督权。在条件许可并征得业主同意的前提下,研究采用加层改造、扩容改造等方式进行节能改造。坚持以人为本,切实减少扰民,积极推行工业化和标准化施工。住房城乡建设部门要严格落实工程建设责任制,严把规划、设计、施工、材料等关口,确保工程安全、质量和效益。节能改造工程完工后,应进行建筑能效测评,对达不到要求的不得通过竣工验收。加强宣传,充分调动居民对节能改造的积极性。

**(三)开展城镇供热系统改造**

实施北方采暖地区城镇供热系统节能改造,提高热源效率和管网保温性能,优化系统调节能力,改善管网热平衡。撤并低能效、高污染的供热燃煤小锅炉,因地制宜地推广热电联产、高效锅炉、工业废热利用等供热技术。推广"吸收式热泵"和"吸收式换热"技术,提高集中供热管网的输送能力。开展城市老旧供热管网系统改造,减少管网热损失,降低循环水泵电耗。

**(四)推进可再生能源建筑规模化应用**

积极推动太阳能、浅层地能、生物质能等可再生能源在建筑中的应用。太阳能资源适宜地区应在2015年前出台太阳能光热建筑一体化的强制性推广政策及技术标准,普及太阳能热水利用,积极推进被动式太阳能采暖。研究完善建筑光伏发电上网政策,加快微电网技术研发和工程示范,稳步推进太阳能光伏在建筑上的应用。合理开发浅层地热能。财政部、住房城乡建设部研究确定可再生能源建筑规模化应用适宜推广地区名单。

开展可再生能源建筑应用地区示范,推动可再生能源建筑应用集中连片推广,到2015年末,新增可再生能源建筑应用面积25亿平方米,示范地区建筑可再生能源消费量占建筑能耗总量的比例达到10%以上。

**（五）加强公共建筑节能管理**

加强公共建筑能耗统计、能源审计和能耗公示工作,推行能耗分项计量和实时监控,推进公共建筑节能、节水监管平台建设。建立完善的公共机构能源审计、能效公示和能耗定额管理制度,加强能耗监测和节能监管体系建设。加强监管平台建设统筹协调,实现监测数据共享,避免重复建设。对新建、改扩建的国家机关办公建筑和大型公共建筑,要进行能源利用效率测评和标识。研究建立公共建筑能源利用状况报告制度,组织开展商场、宾馆、学校、医院等行业的能效水平对标活动。实施大型公共建筑能耗(电耗)限额管理,对超限额用能(用电)的,实行惩罚性价格。公共建筑业主和所有权人要切实加强用能管理,严格执行公共建筑空调温度控制标准。研究开展公共建筑节能量交易试点。

**（六）加快绿色建筑相关技术研发推广**

科技部门要研究设立绿色建筑科技发展专项,加快绿色建筑共性和关键技术研发,重点攻克既有建筑节能改造、可再生能源建筑应用、节水与水资源综合利用、绿色建材、废弃物资源化、环境质量控制、提高建筑物耐久性等方面的技术,加强绿色建筑技术标准规范研究,开展绿色建筑技术的集成示范。依托高等院校、科研机构等,加快绿色建筑工程技术中心建设。发展改革、住房城乡建设部门要编制绿色建筑重点技术推广目录,因地制宜推广自然采光、自然通风、遮阳、高效空调、热泵、雨水收集、规模化中水利用、隔音等成熟技术,加快普及高效节能照明产品、风机、水泵、热水器、办公设备、家用电器及节水器具等。

**（七）大力发展绿色建材**

因地制宜、就地取材,结合当地气候特点和资源禀赋,大力发展安全耐久、节能环保、施工便利的绿色建材。加快发展防火隔热性能好的建筑保温体系和材料,积极发展烧结空心制品、加气混凝土制品、多功能复合一体化墙体材料、一体化屋面、低辐射镀膜玻璃、断桥隔热门窗、遮阳系统等建材。引导高性能混凝土、高强钢的发展利用,到2015年末,标准抗压强度60兆帕以上混凝土用量达到总用量的10%,屈服强度400兆帕以上热轧带肋钢筋用量达到总用量的45%。大力发展预拌混凝土、预拌砂浆。深入推进墙体材料革新,城市城区限制使用黏土制品,县城禁止使用实心黏土砖。发展改革、住房城乡建设、工业和信息化、质检部门要研究建立绿色建材认证制度,编制绿色建材产品目录,引导规范市场消费。质检、住房城乡建设、工业和信息化部门要加强建材生产、流通和使用环节的质量监管和稽查,杜绝性能不达标的建材进入市场。积极支持绿色建材产业发展,组织开展绿色建材产业化示范。

### (八)推动建筑工业化

住房城乡建设等部门要加快建立促进建筑工业化的设计、施工、部品生产等环节的标准体系,推动结构件、部品、部件的标准化,丰富标准件的种类,提高通用性和可置换性。推广适合工业化生产的预制装配式混凝土、钢结构等建筑体系,加快发展建设工程的预制和装配技术,提高建筑工业化技术集成水平。支持集设计、生产、施工于一体的工业化基地建设,开展工业化建筑示范试点。积极推行住宅全装修,鼓励新建住宅一次装修到位或菜单式装修,促进个性化装修和产业化装修相统一。

### (九)严格建筑拆除管理程序

加强城市规划管理,维护规划的严肃性和稳定性。城市人民政府以及建筑的所有者和使用者要加强建筑维护管理,对符合城市规划和工程建设标准、在正常使用寿命内的建筑,除基本的公共利益需要外,不得随意拆除。拆除大型公共建筑的,要按有关程序提前向社会公示征求意见,接受社会监督。住房城乡建设部门要研究完善建筑拆除的相关管理制度,探索实行建筑报废拆除审核制度。对违规拆除行为,要依法依规追究有关单位和人员的责任。

### (十)推进建筑废弃物资源化利用。

落实建筑废弃物处理责任制,按照"谁产生、谁负责"的原则进行建筑废弃物的收集、运输和处理。住房城乡建设、发展改革、财政、工业和信息化部门要制定实施方案,推行建筑废弃物集中处理和分级利用,加快建筑废弃物资源化利用技术、装备研发推广,编制建筑废弃物综合利用技术标准,开展建筑废弃物资源化利用示范,研究建立建筑废弃物再生产品标识制度。地方各级人民政府对本行政区域内的废弃物资源化利用负总责,地级以上城市要因地制宜设立专门的建筑废弃物集中处理基地。

## 四、保障措施

### (一)强化目标责任

要将绿色建筑行动的目标任务科学分解到省级人民政府,将绿色建筑行动目标完成情况和措施落实情况纳入省级人民政府节能目标责任评价考核体系。要把贯彻落实本行动方案情况纳入绩效考核体系,考核结果作为领导干部综合考核评价的重要内容,实行责任制和问责制,对做出突出贡献的单位和人员予以通报表扬。

**(二)加大政策激励**

研究完善财政支持政策,继续支持绿色建筑及绿色生态城区建设、既有建筑节能改造、供热系统节能改造、可再生能源建筑应用等,研究制定支持绿色建材发展、建筑垃圾资源化利用、建筑工业化、基础能力建设等工作的政策措施。对达到国家绿色建筑评价标准二星级及以上的建筑给予财政资金奖励。财政部、税务总局要研究制定税收方面的优惠政策,鼓励房地产开发商建设绿色建筑,引导消费者购买绿色住宅。改进和完善对绿色建筑的金融服务,金融机构可对购买绿色住宅的消费者在购房贷款利率上给予适当优惠。国土资源部门要研究制定促进绿色建筑发展在土地转让方面的政策,住房城乡建设部门要研究制定容积率奖励方面的政策,在土地招拍挂出让规划条件中,要明确绿色建筑的建设用地比例。

**(三)完善标准体系**

住房城乡建设等部门要完善建筑节能标准,科学合理地提高标准要求。健全绿色建筑评价标准体系,加快制(修)订适合不同气候区、不同类型建筑的节能建筑和绿色建筑评价标准,2013年完成《绿色建筑评价标准》的修订工作,完善住宅、办公楼、商场、宾馆的评价标准,出台学校、医院、机场、车站等公共建筑的评价标准。尽快制(修)订绿色建筑相关工程建设、运营管理、能源管理体系等标准,编制绿色建筑区域规划技术导则和标准体系。住房城乡建设、发展改革部门要研究制定基于实际用能状况,覆盖不同气候区、不同类型建筑的建筑能耗限额,要会同工业和信息化、质检等部门完善绿色建材标准体系,研究制定建筑装修材料有害物限量标准,编制建筑废弃物综合利用的相关标准规范。

**(四)深化城镇供热体制改革**

住房城乡建设、发展改革、财政、质检等部门要大力推行按热量计量收费,督导各地区出台完善供热计量价格和收费办法。严格执行两部制热价。新建建筑、完成供热计量改造的既有建筑全部实行按热量计量收费,推行采暖补贴"暗补"变"明补"。对实行分户计量有难度的,研究采用按小区或楼宇供热量计量收费。实施热价与煤价、气价联动制度,对低收入居民家庭提供供热补贴。加快供热企业改革,推进供热企业市场化经营,培育和规范供热市场,理顺热源、管网、用户的利益关系。

**(五)严格建设全过程监督管理**

在城镇新区建设、旧城更新、棚户区改造等规划中,地方各级人民政府要建立并严格落实绿色建设指标体系要求,住房城乡建设部门要加强规划审查,国土资源部门要加强土地出让监管。对应执行绿色建筑标准的项目,住房城乡建设部门要在设计方案审查、施工图设计审查中增加绿色建筑相关内容,未通过审查的不得颁发建设工程规划许可证、施工许可证;施工时要加强监管,确保按图施工。对自愿执行绿色建筑标准的项目,在项目立项时要标明绿色星级标准,建设单位应在房屋施工、销售现场明示建筑节能、节水等性能指标。

**(六)强化能力建设**

住房城乡建设部要会同有关部门建立健全建筑能耗统计体系,提高统计的准确性和及时性。加强绿色建筑评价标识体系建设,推行第三方评价,强化绿色建筑评价监管机构能力建设,严格评价监管。要加强建筑规划、设计、施工、评价、运行等人员的培训,将绿色建筑知识作为相关专业工程师继续教育培训、执业资格考试的重要内容。鼓励高等院校开设绿色建筑相关课程,加强相关学科建设。组织规划设计单位、人员开展绿色建筑规划与设计竞赛活动。广泛开展国际交流与合作,借鉴国际先进经验。

**(七)加强监督检查**

将绿色建筑行动执行情况纳入国务院节能减排检查和建设领域检查内容,开展绿色建筑行动专项督查,严肃查处违规建设高耗能建筑、违反工程建设标准、建筑材料不达标、不按规定公示性能指标、违反供热计量价格和收费办法等行为。

**(八)开展宣传教育**

采用多种形式积极宣传绿色建筑法律法规、政策措施、典型案例、先进经验,加强舆论监督,营造开展绿色建筑行动的良好氛围。将绿色建筑行动作为全国节能宣传周、科技活动周、城市节水宣传周、全国低碳日、世界环境日、世界水日等活动的重要宣传内容,提高公众对绿色建筑的认知度,倡导绿色消费理念,普及节约知识,引导公众合理使用用能产品。

各地区、各部门要按照绿色建筑行动方案的部署和要求,抓好各项任务落实。发展改革委、住房城乡建设部要加强综合协调,指导各地区和有关部门开展工作。各地区、各有关部门要尽快制定相应的绿色建筑行动实施方案,加强指导,明确责任,狠抓落实,推动城乡建设模式和建筑业发展方式加快转变,促进资源节约型、环境友好型社会建设。

# 附录4 住房城乡建设部关于开展建筑业改革发展试点工作的通知

建市〔2014〕64号

各省、自治区住房和城乡建设厅,直辖市建委(建设交通委),新疆生产建设兵团建设局,深圳市建设局,合肥、绍兴、常州、广州、西安市建委:

为贯彻落实党的十八届三中全会精神,推进建筑业改革发展,保障工程质量安全,经研究,决定在部分省市先行开展建筑业改革发展试点工作,探索一批各具特色的典型经验和先进做法,为全国建筑业改革发展提供示范经验。现将有关事项通知如下:

## 一、试点内容

### (一)建筑市场监管综合试点

试点地区是吉林、广东、江苏、安徽省。通过进一步开放建筑市场,强化对建设单位行为监管,改革招标投标监管方式,推进建筑市场监管信息化和诚信体系建设,改革行政审批制度,完善工程监理及总承包制度,转变政府职能,提高建筑市场监管水平和效率。

### (二)建筑劳务用工管理试点

试点地区是北京、天津、重庆和河北、陕西省。通过完善建筑劳务用工管理政策,落实施工总承包企业责任,健全建筑劳务实名制管理制度,完善实名制管理信息系统,开展实名制信息互通共享,为加强全国建筑劳务用工管理提供借鉴。

### (三)建设工程企业资质电子化审批试点

试点地区是上海市。以信息化为载体,完善日常监管信息采集和审核机制,简化企业申报材料,优化资质审批程序,减少人工审查内容,试行电子资质证书,探索建立高效、透明、便捷的电子化资质审批平台,实现建设工程企业资质审批的标准化和信息化。

### (四)建筑产业现代化试点

试点地区是辽宁、江苏省和合肥、绍兴市。通过推行建筑产业现代化工作,研究探讨企业设计、施工、生产等全过程技术、管理模式,完善政府在设计、施工阶段的质量安全监管制度,总结推广成熟的先进技术与管理经验,引导推动建筑产业现代化在全国范围内的发展。

## （五）建筑工程质量安全管理试点

1. 试点地区是安徽、湖北省。通过以质量行为标准化和工程实体质量控制标准化为重点，强化企业对工程项目的质量管理，强化施工过程质量控制，提高工程质量水平。建立工程质量管理标准化制度，加强企业质量保证体系和工程项目质量管控能力建设，减少质量事故质量问题的发生。

2. 试点地区是上海、深圳市。通过以建筑施工项目安全生产标准化考评结果为主要依据，全面规范实施建筑施工企业和施工项目安全生产标准化考评工作。实施建筑施工安全生产标准化考评工作，产生良好示范效应，督促企业加强项目安全生产管理，提高建筑施工安全生产管理水平。

3. 试点地区是福建省、常州市。通过推进建筑起重机械租赁、安装、使用、拆除、维护保养一体化管理模式，提升专业化管理水平，更好适应市场发展需要；鼓励建筑起重机械一体化管理模式，落实全过程安全管理责任，减少建筑起重机械安全事故，逐步形成比较完善的管理制度和方式，制定推进建筑起重机械一体化管理的实施意见，提高建筑起重机械安全管理水平。

## （六）城市轨道交通建设全过程安全风险控制管理试点

试点地区是北京、广州、西安市。建设单位聘用专业化机构为工程建设全过程安全风险防控提供咨询服务，有效控制安全风险；主管部门通过购买服务方式，委托专业机构作为辅助力量，解决安全风险防控需求和现有技术管理力量不足的问题，提高政府监管效能，引导、培育和规范咨询机构发展。

# 二、组织实施

## （一）加强组织领导

试点省市住房城乡建设主管部门要紧密结合自身实际，建立相应的工作机制，切实加强对改革试点工作的组织领导，制定试点方案，推进试点实施，进行督促检查，开展宣传推广，确保组织到位、责任到位、保障到位。

## （二）积极推进试点

各试点省可在全省范围内，也可以选择几个地级市进行试点。各试点省市住房城乡建设部门制订试点实施方案时要充分听取各方意见，试点实施方案要突出针对性、操作性、实效性，立足解决重大现实问题，着力创新体制机制，明确试点目标、试点措施、进度安排、配套政策、责任主体、风险分析及应对措施等。

## （三）及时沟通交流

试点工作启动后,要及时开展跟踪调研,了解分析进展情况,解决存在的问题,不断总结完善试点经验。对于实践中发现的好经验、好做法,以及实施过程中涉及的重大政策调整、出现的重大问题,要及时告住房城乡建设部建筑市场监管司和工程质量安全监管司。

## （四）加大宣传引导

试点工作政策性强,社会关注度高。要充分发挥各方积极性、主动性、创造性,对在改革实践中涌现的新思路、新办法、新举措,只要有利于建筑业改革发展的,都应给予保护和支持。要坚持正确舆论导向,合理引导行业预期,多做宣传引导,增进共识、统一思想,营造全社会、全行业关心、重视、支持建筑业改革的良好氛围。

中华人民共和国住房和城乡建设部

2014年5月4日

# 附录5 住房城乡建设部关于推进建筑业发展和改革的若干意见

建市〔2014〕92号

各省、自治区住房城乡建设厅,直辖市建委(建设交通委),新疆生产建设兵团建设局:

为深入贯彻落实党的十八大和十八届三中全会精神,推进建筑业发展和改革,保障工程质量安全,提升工程建设水平,针对当前建筑市场和工程建设管理中存在的突出问题,提出如下意见:

## 一、指导思想和发展目标

(一)指导思想。以邓小平理论、"三个代表"重要思想、科学发展观为指导,加快完善现代市场体系,充分发挥市场在资源配置中的决定性作用和更好发挥政府作用,紧紧围绕正确处理好政府和市场关系的核心,切实转变政府职能,全面深化建筑业体制机制改革。

(二)发展目标。简政放权,开放市场,坚持放管并重,消除市场壁垒,构建统一开放、竞争有序、诚信守法、监管有力的全国建筑市场体系;创新和改进政府对建筑市场、质量安全的监督管理机制,加强事中事后监管,强化市场和现场联动,落实各方主体责任,确保工程质量安全;转变建筑业发展方式,推进建筑产业现代化,促进建筑业健康协调可持续发展。

## 二、建立统一开放的建筑市场体系

(三)进一步开放建筑市场。各地要严格执行国家相关法律法规,废除不利于全国建筑市场统一开放、妨碍企业公平竞争的各种规定和做法。全面清理涉及工程建设企业的各类保证金、押金等,对于没有法律法规依据的一律取消。积极推行银行保函和诚信担保。规范备案管理,不得设置任何排斥、限制外地企业进入本地区的准入条件,不得强制外地企业参加培训或在当地成立子公司等。各地有关跨省承揽业务的具体管理要求,应当向社会公开。各地要加强外地企业准入后的监督管理,建立跨省承揽业务企业的违法违规行为处理督办、协调机制,严厉查处围标串标、转包、挂靠、违法分包等违法违规行为及质量安全事故,对于情节严重的,予以清出本地建筑市场,并在全国建筑市场监管与诚信信息发布平台曝光。

(四)推进行政审批制度改革。坚持淡化工程建设企业资质、强化个人执业资格的改革方向,探索从主要依靠资质管理等行政手段实施市场准入,逐步转变为充分发挥社会信用、工程担保、保险等市场机制的作用,实现市场优胜劣汰。加快研究修订工程建设企业资质标准和管理规定,取消部分资质类别设置,合并业务范围相近的企业资质,合理设置资质标准条件,注重对企业、人员信用状况、质量安全等指标的考核,强化资质审批后的动态监管;简政放权,推进审批权限下放,健全完善工程建设企业资质和个人执业资格审查制度;改进审批方式,推进电子化审查,加大公开公示力度。

(五)改革招标投标监管方式。调整非国有资金投资项目发包方式,试行非国有资金投资项目建设单位自主决定是否进行招标发包,是否进入有形市场开展工程交易活动,并由建设单位对选择的设计、施工等单位承担相应的责任。建设单位应当依法将工程发包给具有相应资质的承包单位,依法办理施工许可、质量安全监督等手续,确保工程建设实施活动规范有序。各地要重点加强国有资金投资项目招标投标监管,严格控制招标人设置明显高于招标项目实际需要和脱离市场实际的不合理条件,严禁以各种形式排斥或限制潜在投标人投标。要加快推进电子招标投标,进一步完善专家评标制度,加大社会监督力度,健全中标候选人公示制度,促进招标投标活动公开透明。鼓励有条件的地区探索开展标后评估。勘察、设计、监理等工程服务的招标,不得以费用作为唯一的中标条件。

(六)推进建筑市场监管信息化与诚信体系建设。加快推进全国工程建设企业、注册人员、工程项目数据库建设,印发全国统一的数据标准和管理办法。各省级住房城乡建设主管部门要建立建筑市场和工程质量安全监管一体化工作平台,动态记录工程项目各方主体市场和现场行为,有效实现建筑市场和现场的两场联动。各级住房城乡建设主管部门要进一步加大信息的公开力度,通过全国统一信息平台发布建筑市场和质量安全监管信息,及时向社会公布行政审批、工程建设过程监管、执法处罚等信息,公开曝光各类市场主体和人员的不良行为信息,形成有效的社会监督机制。各地可结合本地实际,制定完善相关法规制度,探索开展工程建设企业和从业人员的建筑市场和质量安全行为评价办法,逐步建立"守信激励、失信惩戒"的建筑市场信用环境。鼓励有条件的地区研究、试行开展社会信用评价,引导建设单位等市场各方主体通过市场化运作综合运用信用评价结果。

（七）进一步完善工程监理制度。分类指导不同投资类型工程项目监理服务模式发展。调整强制监理工程范围,选择部分地区开展试点,研究制定有能力的建设单位自主决策选择监理或其他管理模式的政策措施。具有监理资质的工程咨询服务机构开展项目管理的工程项目,可不再委托监理。推动一批有能力的监理企业做优做强。

（八）强化建设单位行为监管。全面落实建设单位项目法人责任制,强化建设单位的质量责任。建设单位不得违反工程招标投标、施工图审查、施工许可、质量安全监督及工程竣工验收等基本建设程序,不得指定分包和肢解发包,不得与承包单位签订"阴阳合同"、任意压缩合理工期和工程造价,不得以任何形式要求设计、施工、监理及其他技术咨询单位违反工程建设强制性标准,不得拖欠工程款。政府投资工程一律不得采取带资承包方式进行建设,不得将带资承包作为招标投标的条件。积极探索研究对建设单位违法行为的制约和处罚措施。各地要进一步加强对建设单位市场行为和质量安全行为的监督管理,依法加大对建设单位违法违规行为的处罚力度,并将其不良行为在全国建筑市场监管与诚信信息发布平台曝光。

（九）建立与市场经济相适应的工程造价体系。逐步统一各行业、各地区的工程计价规则,服务建筑市场。健全工程量清单和定额体系,满足建设工程全过程不同设计深度、不同复杂程度、多种承包方式的计价需要。全面推行清单计价制度,建立与市场相适应的定额管理机制,构建多元化的工程造价信息服务方式,清理调整与市场不符的各类计价依据,充分发挥造价咨询企业等第三方专业服务作用,为市场决定工程造价提供保障。建立国家工程造价数据库,发布指标指数,提升造价信息服务。推行工程造价全过程咨询服务,强化国有投资工程造价监管。

## 三、强化工程质量安全管理

（十）加强勘察设计质量监管。进一步落实和强化施工图设计文件审查制度,推动勘察设计企业强化内部质量管控能力。健全勘察项目负责人对勘察全过程成果质量负责制度。推行勘察现场作业人员持证上岗制度。推动采用信息化手段加强勘察质量管理。研究建立重大设计变更管理制度。推行建筑工程设计使用年限告知制度。推行工程设计责任保险制度。

（十一）落实各方主体的工程质量责任。完善工程质量终身责任制,落实参建各方主体责任。落实工程质量抽查巡查制度,推进实施分类监管和差别化监管。完善工程质量事故质量问题查处通报制度,强化质量责任追究和处罚。健全工程质量激励机制,营造

"优质优价"市场环境。规范工程质量保证金管理,积极探索试行工程质量保险制度,对已实行工程质量保险的工程,不再预留质量保证金。

(十二)完善工程质量检测制度。落实工程质量检测责任,提高施工企业质量检验能力。整顿规范工程质量检测市场,加强检测过程和检测行为监管,加大对虚假报告等违法违规行为处罚力度。建立健全政府对工程质量监督抽测制度,鼓励各地采取政府购买服务等方式加强监督检测。

(十三)推进质量安全标准化建设。深入推进项目经理责任制,不断提升项目质量安全水平。开展工程质量管理标准化活动,推行质量行为标准化和实体质量控制标准化。推动企业完善质量保证体系,加强对工程项目的质量管理,落实质量员等施工现场专业人员职责,强化过程质量控制。深入开展住宅工程质量常见问题专项治理,全面推行样板引路制度。全面推进建筑施工安全生产标准化建设,落实建筑施工安全生产标准化考评制度,项目安全标准化考评结果作为企业标准化考评的主要依据。

(十四)推动建筑施工安全专项治理。研究探索建筑起重机械和模板支架租赁、安装(搭设)、使用、拆除、维护保养一体化管理模式,提升起重机械、模板支架专业化管理水平。规范起重机械安装拆卸工、架子工等特种作业人员安全考核,提高从业人员安全操作技能。持续开展建筑起重机械、模板支架安全专项治理,有效遏制群死群伤事故发生。

(十五)强化施工安全监督。完善企业安全生产许可制度,以企业承建项目安全管理状况为安全生产许可延期审查重点,加强企业安全生产许可的动态管理。鼓励地方探索实施企业和人员安全生产动态扣分制度。完善企业安全生产费用保障机制,在招标时将安全生产费用单列,不得竞价,保障安全生产投入,规范安全生产费用的提取、使用和管理。加强企业对作业人员安全生产意识和技能培训,提高施工现场安全管理水平。加大安全隐患排查力度,依法处罚事故责任单位和责任人员。完善建筑施工安全监督制度和安全监管绩效考核机制。支持监管力量不足的地区探索以政府购买服务方式,委托具备能力的专业社会机构作为安全监督机构辅助力量。建立城市轨道交通等重大工程安全风险管理制度,推动建设单位对重大工程实行全过程安全风险管理,落实风险防控投入。鼓励建设单位聘用专业化社会机构提供安全风险管理咨询服务。

## 四、促进建筑业发展方式转变

(十六)推动建筑产业现代化。统筹规划建筑产业现代化发展目标和路径。推动建筑产业现代化结构体系、建筑设计、部品构件配件生产、施工、主体装修集成等方面的关键技术研究与应用。制定完善有关设计、施工和验收标准,组织编制相应标准设计图集,指导建立标准化部品构件体系。建立适应建筑产业现代化发展的工程质量安全监管制度。鼓励各地制定建筑产业现代化发展规划以及财政、金融、税收、土地等方面激励政策,培育建筑产业现代化龙头企业,鼓励建设、勘察、设计、施工、构件生产和科研等单位建立产业联盟。进一步发挥政府投资项目的试点示范引导作用并适时扩大试点范围,积极稳妥推进建筑产业现代化。

(十七)构建有利于形成建筑产业工人队伍的长效机制。建立以市场为导向、以关键岗位自有工人为骨干、劳务分包为主要用工来源、劳务派遣为临时用工补充的多元化建筑用工方式。施工总承包企业和专业承包企业要拥有一定数量的技术骨干工人,鼓励施工总承包企业拥有独资或控股的施工劳务企业。充分利用各类职业培训资源,建立多层次的劳务人员培训体系。大力推进建筑劳务基地化建设,坚持"先培训后输出、先持证后上岗"的原则。进一步落实持证上岗制度,从事关键技术工种的劳务人员,应取得相应证书后方可上岗作业。落实企业责任,保障劳务人员的合法权益。推行建筑劳务实名制管理,逐步实现建筑劳务人员信息化管理。

(十八)提升建筑设计水平。坚持以人为本、安全集约、生态环保、传承创新的理念,树立文化自信,鼓励建筑设计创作。树立设计企业是创新主体的意识,提倡精品设计。鼓励开展城市设计工作,加强建筑设计与城市规划间的衔接。探索放开建筑工程方案设计资质准入限制,鼓励相关专业人员和机构积极参与建筑设计方案竞选。完善建筑设计方案竞选制度,建立完善大型公共建筑方案公众参与和专家辅助决策机制,在方案评审中,重视设计方案文化内涵审查。加强建筑设计人才队伍建设,着力培养一批高层次创新人才。开展设计评优,激发建筑设计人员的创作激情。探索研究大型公共建筑设计后评估制度。

(十九)加大工程总承包推行力度。倡导工程建设项目采用工程总承包模式,鼓励有实力的工程设计和施工企业开展工程总承包业务。推动建立适合工程总承包发展的招标投标和工程建设管理机制,调整现行招标投标、施工许可、现场执法检查、竣工验收备案等环节管理制度,为推行工程总承包创造政策环境。工程总承包合同中涵盖的设计、施工业务可以不再通过公开招标方式确定分包单位。

(二十)提升建筑业技术能力。完善以工法和专有技术成果、试点示范工程为抓手的技术转移与推广机制,依法保护知识产权。积极推动以节能环保为特征的绿色建造技术的应用。推进建筑信息模型(BIM)等信息技术在工程设计、施工和运行维护全过程的应用,提高综合效益。推广建筑工程减隔震技术。探索开展白图替代蓝图、数字化审图等工作。建立技术研究应用与标准制定有效衔接的机制,促进建筑业科技成果转化,加快先进适用技术的推广应用。加大复合型、创新型人才培养力度。推动建筑领域国际技术的交流合作。

## 五、加强建筑业发展和改革工作的组织和实施

(二十一)加强组织领导。各地要高度重视建筑业发展和改革工作,加强领导、明确责任、统筹安排,研究制定工作方案,不断完善相关法规制度,推进各项制度措施落实,及时解决发展和改革中遇到的困难和问题,整体推进建筑业发展和改革的不断深化。

(二十二)积极开展试点。各地要结合本地实际组织开展相关试点工作,把试点工作与推动本地区工作结合起来,及时分析试点进展情况,认真总结试点经验,研究解决试点中出现的问题,在条件成熟时向全国推广。要加大宣传推动力度,调动全行业和社会各方力量,共同推进建筑业的发展和改革。

(二十三)加强协会能力建设和行业自律。充分发挥协会在规范行业秩序、建立行业从业人员行为准则、促进企业诚信经营等方面的行业自律作用,提高协会在促进行业技术进步、提升行业管理水平、反映企业诉求、提出政策建议等方面的服务能力。鼓励行业协会研究制定非政府投资工程咨询服务类收费行业参考价,抵制恶意低价、不合理低价竞争行为,维护行业发展利益。

中华人民共和国住房和城乡建设部

2014年7月1日

# 附录6 国务院办公厅关于大力发展装配式建筑的指导意见

国办发〔2016〕71号

各省、自治区、直辖市人民政府,国务院各部委、各直属机构:

装配式建筑是用预制部品部件在工地装配而成的建筑。发展装配式建筑是建造方式的重大变革,是推进供给侧结构性改革和新型城镇化发展的重要举措,有利于节约资源能源、减少施工污染、提升劳动生产效率和质量安全水平,有利于促进建筑业与信息化工业化深度融合、培育新产业新动能、推动化解过剩产能。近年来,我国积极探索发展装配式建筑,但建造方式大多仍以现场浇筑为主,装配式建筑比例和规模化程度较低,与发展绿色建筑的有关要求以及先进建造方式相比还有很大差距。为贯彻落实《中共中央国务院关于进一步加强城市规划建设管理工作的若干意见》和《政府工作报告》部署,大力发展装配式建筑,经国务院同意,现提出以下意见。

## 一、总体要求

(一)指导思想。全面贯彻党的十八大和十八届三中、四中、五中全会以及中央城镇化工作会议、中央城市工作会议精神,认真落实党中央、国务院决策部署,按照"五位一体"总体布局和"四个全面"战略布局,牢固树立和贯彻落实创新、协调、绿色、开放、共享的发展理念,按照适用、经济、安全、绿色、美观的要求,推动建造方式创新,大力发展装配式混凝土建筑和钢结构建筑,在具备条件的地方倡导发展现代木结构建筑,不断提高装配式建筑在新建建筑中的比例。坚持标准化设计、工厂化生产、装配化施工、一体化装修、信息化管理、智能化应用,提高技术水平和工程质量,促进建筑产业转型升级。

(二)基本原则。坚持市场主导、政府推动。适应市场需求,充分发挥市场在资源配置中的决定性作用,更好发挥政府规划引导和政策支持作用,形成有利的体制机制和市场环境,促进市场主体积极参与、协同配合,有序发展装配式建筑。

坚持分区推进、逐步推广。根据不同地区的经济社会发展状况和产业技术条件,划分重点推进地区、积极推进地区和鼓励推进地区,因地制宜、循序渐进,以点带面、试点先行,及时总结经验,形成局部带动整体的工作格局。

坚持顶层设计、协调发展。把协同推进标准、设计、生产、施工、使用维护等作为发展装配式建筑的有效抓手，推动各个环节有机结合，以建造方式变革促进工程建设全过程提质增效，带动建筑业整体水平的提升。

（三）工作目标。以京津冀、长三角、珠三角三大城市群为重点推进地区，常住人口超过300万的其他城市为积极推进地区，其余城市为鼓励推进地区，因地制宜发展装配式混凝土结构、钢结构和现代木结构等装配式建筑。力争用10年左右的时间，使装配式建筑占新建建筑面积的比例达到30%。同时，逐步完善法律法规、技术标准和监管体系，推动形成一批设计、施工、部品部件规模化生产企业，具有现代装配建造水平的工程总承包企业以及与之相适应的专业化技能队伍。

## 二、重点任务

（四）健全标准规范体系。加快编制装配式建筑国家标准、行业标准和地方标准，支持企业编制标准、加强技术创新，鼓励社会组织编制团体标准，促进关键技术和成套技术研究成果转化为标准规范。强化建筑材料标准、部品部件标准、工程标准之间的衔接。制修订装配式建筑工程定额等计价依据。完善装配式建筑防火抗震防灾标准。研究建立装配式建筑评价标准和方法。逐步建立完善覆盖设计、生产、施工和使用维护全过程的装配式建筑标准规范体系。

（五）创新装配式建筑设计。统筹建筑结构、机电设备、部品部件、装配施工、装饰装修，推行装配式建筑一体化集成设计。推广通用化、模数化、标准化设计方式，积极应用建筑信息模型技术，提高建筑领域各专业协同设计能力，加强对装配式建筑建设全过程的指导和服务。鼓励设计单位与科研院所、高校等联合开发装配式建筑设计技术和通用设计软件。

（六）优化部品部件生产。引导建筑行业部品部件生产企业合理布局，提高产业聚集度，培育一批技术先进、专业配套、管理规范的骨干企业和生产基地。支持部品部件生产企业完善产品品种和规格，促进专业化、标准化、规模化、信息化生产，优化物流管理，合理组织配送。积极引导设备制造企业研发部品部件生产装备机具，提高自动化和柔性加工技术水平。建立部品部件质量验收机制，确保产品质量。

（七）提升装配施工水平。引导企业研发应用与装配式施工相适应的技术、设备和机具，提高部品部件的装配施工连接质量和建筑安全性能。鼓励企业创新施工组织方式，推行绿色施工，应用结构工程与分部分项工程协同施工新模式。支持施工企业总结编制施工工法,提高装配施工技能,实现技术工艺、组织管理、技能队伍的转变,打造一批具有较高装配施工技术水平的骨干企业。

(八)推进建筑全装修。实行装配式建筑装饰装修与主体结构、机电设备协同施工。积极推广标准化、集成化、模块化的装修模式,促进整体厨卫、轻质隔墙等材料、产品和设备管线集成化技术的应用,提高装配化装修水平。倡导菜单式全装修,满足消费者个性化需求。

(九)推广绿色建材。提高绿色建材在装配式建筑中的应用比例。开发应用品质优良、节能环保、功能良好的新型建筑材料,并加快推进绿色建材评价。鼓励装饰与保温隔热材料一体化应用。推广应用高性能节能门窗。强制淘汰不符合节能环保要求、质量性能差的建筑材料,确保安全、绿色、环保。

(十)推行工程总承包。装配式建筑原则上应采用工程总承包模式,可按照技术复杂类工程项目招投标。工程总承包企业要对工程质量、安全、进度、造价负总责。要健全与装配式建筑总承包相适应的发包承包、施工许可、分包管理、工程造价、质量安全监管、竣工验收等制度,实现工程设计、部品部件生产、施工及采购的统一管理和深度融合,优化项目管理方式。鼓励建立装配式建筑产业技术创新联盟,加大研发投入,增强创新能力。支持大型设计、施工和部品部件生产企业通过调整组织架构、健全管理体系,向具有工程管理、设计、施工、生产、采购能力的工程总承包企业转型。

(十一)确保工程质量安全。完善装配式建筑工程质量安全管理制度,健全质量安全责任体系,落实各方主体质量安全责任。加强全过程监管,建设和监理等相关方可采用驻厂监造等方式加强部品部件生产质量管控;施工企业要加强施工过程质量安全控制和检验检测,完善装配施工质量保证体系;在建筑物明显部位设置永久性标牌,公示质量安全责任主体和主要责任人。加强行业监管,明确符合装配式建筑特点的施工图审查要求,建立全过程质量追溯制度,加大抽查抽测力度,严肃查处质量安全违法违规行为。

## 三、保障措施

(十二)加强组织领导。各地区要因地制宜研究提出发展装配式建筑的目标和任务,建立健全工作机制,完善配套政策,组织具体实施,确保各项任务落到实处。各有关部门要加大指导、协调和支持力度,将发展装配式建筑作为贯彻落实中央城市工作会议精神的重要工作,列入城市规划建设管理工作监督考核指标体系,定期通报考核结果。

(十三)加大政策支持。建立健全装配式建筑相关法律法规体系。结合节能减排、产业发展、科技创新、污染防治等方面政策,加大对装配式建筑的支持力度。支持符合高新技术企业条件的装配式建筑部品部件生产企业享受相关优惠政策。符合新型墙体材料目录的部品部件生产企业,可按规定享受增值税即征即退优惠政策。在土地供应中,可将发展装配式建筑的相关要求纳入供地方案,并落实到土地使用合同中。鼓励各地结合实际出台支持装配式建筑发展的规划审批、土地供应、基础设施配套、财政金融等相关政策措施。政府投资工程要带头发展装配式建筑,推动装配式建筑"走出去"。在中国人居环境奖评选、国家生态园林城市评估、绿色建筑评价等工作中增加装配式建筑方面的指标要求。

(十四)强化队伍建设。大力培养装配式建筑设计、生产、施工、管理等专业人才。鼓励高等学校、职业学校设置装配式建筑相关课程,推动装配式建筑企业开展校企合作,创新人才培养模式。在建筑行业专业技术人员继续教育中增加装配式建筑相关内容。加大职业技能培训资金投入,建立培训基地,加强岗位技能提升培训,促进建筑业农民工向技术工人转型。加强国际交流合作,积极引进海外专业人才参与装配式建筑的研发、生产和管理。

(十五)做好宣传引导。通过多种形式深入宣传发展装配式建筑的经济社会效益,广泛宣传装配式建筑基本知识,提高社会认知度,营造各方共同关注、支持装配式建筑发展的良好氛围,促进装配式建筑相关产业和市场发展。

国务院办公厅

2016年9月27日